EMPLOIS AGRICOLES

DU

SEL MARIN

PAR

M. FRÉD. FRAISSE

SECRÉTAIRE DE LA SOCIÉTÉ CENTRALE D'AGRICULTURE DE MEURTHE-ET-MOSELLE

MEMBRE DE LA SOCIÉTÉ DES AGRICULTEURS DE FRANCE

PARIS, NANCY & STRASBOURG

BERGER-LEVRAULT & Cie, ÉDITEURS

—

1873

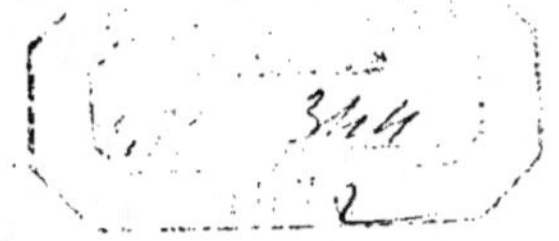

EMPLOIS AGRICOLES

DU

SEL MARIN

EMPLOIS AGRICOLES

DU

SEL MARIN

PAR

M. FRÉD. FRAISSE

SECRÉTAIRE DE LA SOCIÉTÉ CENTRALE D'AGRICULTURE DE MEURTHE-ET-MOSELLE

MEMBRE DE LA SOCIÉTÉ DES AGRICULTEURS DE FRANCE

―――

La première partie a été faite avec la collaboration de M. Petermann

―――

PARIS, NANCY & STRASBOURG

BERGER-LEVRAULT & Cⁱᵉ, ÉDITEURS

—

1873

EMPLOIS AGRICOLES DU SEL MARIN

PREMIÈRE PARTIE [*]

EMPLOI DU SEL DANS LA CULTURE DES PLANTES

Sous ce titre général, nous avons coordonné, en les résumant, tous les travaux importants publiés jusqu'à ce jour, tant en France qu'à l'Étranger sur l'emploi du sel dans la culture des plantes et l'alimentation du bétail. Cette étude, toutefois, serait restée stérile, si, de la discussion impartiale des faits nombreux et si souvent contradictoires qu'elle relate, n'étaient sorties des conclusions pratiques. C'est à ce dernier point de vue principalement que nous la croyons utile, alors surtout que l'abolition de tous droits sur le sel employé en agriculture peut en permettre les essais sur une large échelle.

I

EXISTENCE DU SEL MARIN DANS LES VÉGÉTAUX

Quelque minime que soit la quantité de matières minérales fournies, sous forme *de cendres*, par les végétaux, quand on les brûle, il n'en est pas moins avéré aujourd'hui qu'à leur présence se rattachent les conditions les plus essentiel-

---

[*] Toute la première partie de ce travail a été faite en collaboration avec le Dr Petermann, chimiste à la Station agronomique de l'État; elle était à peu près terminée quand est survenue la guerre, qui nous a séparés. J'ai dû alors pour ainsi seul l'exécution de la deuxième partie. — F. P.

les de la vie des plantes. Nous devons donc considérer les
éléments minéraux comme absolument indispensables à l'ac-
complissement de leurs fonctions vitales.

Cette vérité, nettement établie, nous conduit naturellement à rechercher si, parmi les éléments minéraux que l'a-
nalyse décèle d'une manière constante dans les plantes et
qu'à ce titre la science moderne classe parmi les éléments
nutritifs, se trouve le sel marin. Si nos investigations à cet
égard viennent nous fournir des résultats positifs, nous serons inévitablement forcés de conclure que le sel, comme les
autres substances minérales, est *indispensable* à la production végétale, et nous aurons ainsi dégagé une des incon-
nues du grand problème depuis longtemps posé à la pratique
agricole : le sel est-il utile à la culture des plantes?

Mais avant d'exposer le résultat des recherches faites sur
ce sujet, il est indispensable, pour bien les faire saisir, de
dire en quelques mots quelle est la composition du sel.

Composition du sel. — Le sel marin ou sel de cuisine, que
les chimistes appellent *chlorure de sodium*, est constitué par
la combinaison en proportion définie et invariable de deux
corps simples : le *chlore* et le *sodium*. — 100 kil. de sel marin se composent de 60 kil. 684 grammes de chlore et de
39 kil. 316 grammes de sodium. — Sans entrer dans de
grands détails sur les propriétés de ces deux éléments, nous
devons dire que le premier est un gaz dont nous percevons
partiellement l'odeur forte et suffocante dans le chlorure de
chaux (*hypo-chlorite de chaux*) et l'eau de javelle (*hypo-chlorite de soude*), et qui communique à ces substances bien connues de nos ménagères la propriété de blanchir la toile et de
donner plus d'éclat au blanc du menu linge. Quant au sodium, c'est un métal tout particulier, mou comme de la cire,
et qui au contact de quelques gouttes d'eau devient incan-

descent. On ne le trouve point à l'état naturel, il n'est d'aucun emploi usuel direct; mais il fait la base de la soude, du sel de soude, du sel purgatif de Glauber, du nitrate de soude (salpêtre du Chili) et sous chacun de ces divers états est très-employé dans les arts et l'industrie, dans les ménages pour la lessive et dans la ferme pour la médication du petit et du gros bétail.

Maintenant que nous voilà fixés sur la composition du sel, examinons si, par l'analyse, il a été bien constaté que le chlorure de sodium ou ses éléments se trouvent constamment dans tous les végétaux.

Il résulte du dépouillement d'un grand nombre d'analyses exécutées sur les végétaux les plus divers par les chimistes allemands, anglais et français les plus célèbres, que le chlorure de sodium ou ses éléments se rencontrent, bien qu'en proportions très-faibles et très-variables, mais constamment, dans les tiges, les feuilles et souvent dans les graines de toutes les plantes.

Il ne nous est pas possible de consigner ici toutes les analyses sur lesquelles s'appuie cette dernière assertion : ce serait sortir du cadre que nous imposent et l'étendue limitée de notre travail et la nature toute spéciale de notre sujet; aussi nous contenterons-nous de donner le tableau dressé par M. Lehmann (1), indiquant les quantités de sel contenues dans quelques-unes des plantes agricoles les plus usuelles.

100 kil. de foin de prairie séché à l'air contiennent	120	gr. de sel.
— — foin de trèfle —	— 310	—
— — paille d'avoine —	— 130	—
— — betteraves —	— 90	—
— — trèfle vert —	— 80	—

(1) *Die landwirthschaftlichen Versuchs-Stationen.* 1859, p. 153.

100 kil. de haricots	séchés à l'air contiennent	70 gr. de sel.
— — pois	— —	40 —
— — grains d'avoine	— —	30 —
— — pommes de terre	— —	20 —
— — paille de seigle	— —	10 —
— — paille de blé	— —	10 —

Toutefois, nous devons faire remarquer que la quantité de chlorure de sodium trouvée dans chaque plante n'est point invariable ; bien au contraire, elle est complétement subordonnée, comme nous le verrons plus loin, à la proportion de sel contenue naturellement dans le sol ou fournie par les engrais : ainsi le foin de prairie, le trèfle, la betterave, etc., de tel pays, peuvent contenir une quantité plus ou moins grande de sel que le foin de prairie, le trèfle, la betterave, etc., de telle autre contrée : toujours est-il que sa présence y est constante.

Ce dernier fait ne nous autorise-t-il pas à classer le chlorure de sodium ou ses éléments parmi les matières minérales nutritives des plantes ?

Avant de répondre par l'affirmative à cette question, nous croyons devoir donner l'analyse succinte des travaux récemment publiés sur ce sujet en France et en Allemagne.

En France, M. Péligot, dans une série de mémoires lus à l'Institut, a cherché à établir que l'un des éléments importants du sel marin, la soude, faisait complétement défaut dans les cendres de la plupart des plantes cultivées, attendu que les terrains sur lesquels elles croissent en sont eux-mêmes dépourvus. Il n'hésite pas à attribuer au procédé de dosage de la soude par différence jusqu'ici employé l'erreur dans laquelle sont tombés tous les analystes, en constatant sa présence tant dans les végétaux que dans le sol. Aussi, comme conséquence de ses recherches, croit-il devoir retrancher la soude du nombre des éléments essentiels à la production végétale et à ce titre considérer l'emploi du sel appliqué à l'amélioration des terres ou à la culture des plantes agricoles comme devant être, sauf de très-rares exceptions parfaitement inutile.

L'opinion si radicale du savant français sur le rôle négatif de la soude dans la nutrition des végétaux a soulevé contre elle de puissants et nombreux contradicteurs. Dans la séance du 20 décembre 1869, M. Payen, répondant à la communication de M. Péligot, disait que, d'après ses propres essais et les analyses du sol par MM. de Gasparin et Boussingault, il était impossible d'admettre la proposition formulée ainsi par son collègue; il ajoutait que de grands faits pratiques et un nombre considérable d'analyses comparées démontrent jusqu'à l'évidence qu'elle ne saurait être vraie.

Du reste, les procédés d'analyse employés pour la recherche du sel par M. Péligot ne seraient-ils point entachés de causes graves d'erreur? C'est ce qu'affirme M. Velter, répétiteur de chimie à l'école de Grignon. Et en première ligne, il place la préparation des cendres. Pour ce jeune savant, il n'est point douteux que la calcination des plantes faite par les procédés usuels n'occasionne une perte très-grande sinon totale du chlorure de sodium, volatil à haute température. De là, la difficulté pour M. Péligot de trouver du sel là où il n'existait plus. Quant à M. Velter, en s'entourant de toutes les précautions voulues : addition préalable d'acide oxalique à la poudre des végétaux soumis à la calcination, emploi d'un grand excès de chlorure de platine en solution concentrée, il est arrivé à constater la présence certaine du chlorure de sodium dans les végétaux où M. Péligot en avait nié l'existence.

Tel est actuellement l'état de la question en France.

En Allemagne, où l'on se livre depuis plusieurs années déjà à des recherches nombreuses et variées sur les condi-

tions d'existence des plantes, et cela dans des milieux artificiels (sable calciné et arrosé avec des solutions de sels
nutritifs, ou solutions très-étendues de sels nutritifs seules),
quelques physiologistes ont cru devoir retrancher le sodium
de la liste des éléments indispensables à la végétation; mais,
comme le dit judicieusement M. Julius Sachs, dans le savant
ouvrage duquel nous puisons ces renseignements, les preu-
ves absolues manquent, et il ajoute : « Il est fort possible
que, tout en étant indispensable à un grand nombre de plantes, une très-faible quantité soit suffisante ; il est si répandu
dans la terre et l'atmosphère (ainsi que l'ont démontré les
analyses spectrales et l'analyse de l'eau de pluie), que la
plante peut fort bien, pendant les expériences, en absorber
quelque peu, lors même qu'on l'écarte soigneusement des
mélanges nutritifs. On n'aura de preuve convaincante de
son inutilité que lorsqu'on aura obtenu une plante dont les
cendres n'en contiendront pas la moindre trace, bien qu'elle
ait acquis des proportions considérables....

« .... D'après les recherches approfondies de Nobbe et
de Siegert sur le sarrazin (*blé noir*, il semblerait que le
chlore joue un rôle essentiel dans la formation des graines
de cette plante. »

Pour le savant professeur de Wurtzbourg, il est à peu
près prouvé que le sodium et le chlore sont indispensables
à la vie des plantes.

En présence de résultats si contradictoires, il nous parait
de prime abord difficile de se faire une idée arrêtée sur
l'indispensabilité du sel marin dans la végétation. Toutefois,
tout en nous tenant en dehors de cette dernière question,
mais contrairement à l'opinion émise par M. Péligot, nous
pensons, et cela appuyé sur de nombreuses analyses faites
par nous-mêmes, *que le chlorure de sodium ou ses éléments
existe dans toutes les plantes et que celles où il fait complé-*

tement défaut doivent être très-rares : à l'appui de notre assertion, nous allons citer un fait de la dernière évidence.

En étudiant dans la seconde partie de ce travail l'influence du sel dans l'alimentation du bétail, nous verrons que parmi les principes minéraux contenus dans les divers liquides et quelques solides de l'organisme des animaux (salive, sang, suc gastrique, lymphe, cartilages, etc.), le sel marin y entre en très-grande proportion : on le trouve jusqu'à 70 p. o/o dans les cendres de ces liquides. Or, nous le demandons, à quelle source les animaux essentiellement herbivores puiseront-ils cette substance, puisque nous sommes certains qu'ils ne sauraient la créer eux-mêmes. Evidemment, dans les aliments. Donc les plantes qui leur servent d'aliments doivent en contenir. Donc les éléments du sel existent dans les végétaux : telle est, pour nous, la conclusion logique de ce paragraphe.

II

EFFETS DU SEL SUR LA VÉGÉTATION TIRÉS DE L'OBSERVATION DES FAITS NATURELS.

Avant d'aborder l'étude scientifique des effets du sel sur la végétation, si nous arrêtons quelques instants notre attention sur un certain nombre de faits naturels où cette substance joue un rôle si important, nous pourrons tirer déjà de cet examen des conclusions qui nous conduiront à en apprécier l'action sur la culture des plantes.

Un des faits de cet ordre le plus curieux est sans contredit celui qui se produit aux environs des salines de Montmorot (Doubs) et d'Arc (Jura). Dans l'un et l'autre de ces établissements, l'eau, extraite de sources salées, est évaporée économiquement en plein air et à la température ordinaire dans des bâtiments dits de graduation constitués par de hautes et longues murailles de fagots d'épines. Le vent qui passe à travers, quelquefois avec violence, ne manque pas d'entraîner au loin l'eau salée sous forme de pluie fine. Or, il est constaté que, sous l'influence de cet arrosement salin, la végétation qui entoure ces murailles présente jusqu'à une assez grande distance une luxuriance de végétation bien autrement remarquable que celle des environs.

Nous sommes encore à même de vérifier l'efficacité de ce système naturel d'arrosement sur nos côtes. Ici, lorsque l'eau salée de la mer enlevée par le vent arrive en pluie très-fine sur le sol et les récoltes, la végétation en accuse immédiatement les effets salutaires par une vigueur exceptionnelle de développement. Mais il n'en est pas de même si cette aspersion est abondante et l'air très-sec, alors les plantes souffrent et périssent si l'état atmosphérique ne change et si la pluie du ciel ne vient les débarrasser de l'excès du sel et surtout du contact du chlorure de magnésium qui leur est encore plus préjudiciable. Aussi remarque-t-on que la bande improductive des côtes qui longent l'Océan est plus ou moins large, suivant que les vents de mer ont soufflé plus ou moins souvent et que l'année a été plus ou moins sèche.

Parmi les faits naturels qui peuvent encore nous renseigner utilement sur l'influence du sel sur la végétation, nous pouvons citer les *polders* des Pays-Bas, terrains salés conquis sur la mer par l'industrie humaine et dont l'admirable fécondité est universellement connue; puis l'île de Foulness, dont la fertilité actuelle est généralement attribuée à la submersion temporaire qu'elle a subie il y a une centaine d'années.

Si du Nord nous passons au midi, même concordance dans les résultats. En Camargue, où le sol est naturellement salé, on cultive avec succès des céréales ; mais là, sous un climat plus sec, on est obligé pour assurer la réussite de la récolte, de répandre sur le sol des roseaux après la semaille. Cette pratique a pour but d'y conserver l'humidité et d'empêcher ainsi le contact immédiat, toujours si funeste, du sel avec le grain.

Il existe encore, dit M. de Gasparin, sur les bords de la Méditerranée, de vastes terrains fortement imprégnés de sel marin, et ces terrains sont cultivés. Si nous mettons de côté les obstacles qu'elles opposent à la culture, nous trouvons que ces terres produisent des récoltes tout à fait comparables à celles des terres non salées de même nature, et qu'en supposant les frais égaux de part et d'autre les unes valent les autres et *même que les engrais font un effet plus grand sur les récoltes des terres salifères.*

III

EFFETS DU SEL MARIN SUR LA VÉGÉTATION TIRÉS DES RECHERCHES EXPÉRIMENTALES.

On savait depuis un temps immémorial, la Bible en fait foi, que le sel frappait de stérilité le sol sur lequel on le répandait à profusion ; des expériences sur l'application directe à la terre du sel comme engrais faites dans les vingt-cinq premières années de ce siècle étaient venues confirmer en partie l'opinion des anciens. Toutefois, l'observation des faits naturels où cette substance révèle sa puissance fertilisatrice amena les chimistes et les agronomes à rechercher les conditions et les proportions dans lesquelles elle est utile ou nuisible à la végétation. De là, des travaux de deux ordres : expériences de laboratoire, essais pratiques. Nous commencerons par exposer les premiers.

A. — *Expériences de laboratoire.*

MM. G. Schubler et Mayer sont, nous le croyons, les premiers chimistes qui ont étudié scientifiquement l'action du sel sur la végétation. Leur travail parut en 1832 (1). L'expérience porta sur de l'orge, du cresson de jardin et de la vesce cultivée; ces graines furent semées dans douze pots contenant chacun 1 kilogr. de terre de jardin à laquelle avaient été intimement mélangés 1 gramme, 2 grammes, 3 grammes, etc., jusqu'à 11 grammes de sel. Le douzième pot en avait été complétement privé. La végétation eut lieu au milieu de circonstances et sous des influences absolument semblables, mais des différences sensibles se montrèrent sous le rapport de la germination et du développement. Dans les pots contenant 9, 10 et 11 grammes de sel, ou les graines ne germèrent point, ou les plantes, après un faible développement, périrent. Au sein de la terre contenant de 5 à 8 grammes de sel, les plantes crûrent d'abord vigoureusement, mais peu après commencèrent à languir quand le temps devint sec. Enfin, ce ne fut que dans les pots contenant de 1 à 3 grammes de sel que les plantes prospérèrent entièrement; toutefois l'orge supporta mieux les fortes doses de sel que le cresson, et le cresson plus que la vesce.

Vers 1844 (2), Braconnot entreprit le même genre d'expériences, mais choisit pour sujets le colza et le pois de senteur. Il opéra avec trois échantillons de terre de 1 kil. chacun, contenant l'un près de 3 grammes de sel (2 gr. 86), l'autre moitié moins et le dernier point du tout. Il arriva à ces résultats que dans le premier pot sur 12 graines de colza

---

(1) *Journal für technische und œkonomische chemie,* tome X. 1er cahier, page 70.

(2) *Bon Cultivateur,* 1844, page 481.

semées, 6 seulement germèrent et donnèrent des plants vigoureux, mais courts et trapus. Sur le même nombre de graines, 9 levèrent dans le deuxième pot et formèrent des plantes vigoureuses, moins cependant que celles venues dans la terre sans sel où toutes les graines réussirent. Quant aux pois de senteur, sur 5 graines semées dans chaque pot, un germa dans le premier, 3 dans le deuxième et les 5 dans le troisième : la végétation de cette plante suivit les mêmes phases que celle du colza.

L'auteur conclut, comme MM. Schubler et Mayer, que pour peu que sa quantité dépasse une certaine limite le sel arrête la germination ou la retarde très-sensiblement et que les sujets végétant sous son influence, tout en étant vigoureux, restent petits de taille comme ces jeunes animaux dont on entrave la croissance par l'usage des liqueurs alcooliques.

Les conséquences que l'illustre chimiste de Nancy a cru devoir tirer de cette expérience contre l'utilité du sel en agriculture, ne sauraient avoir grande valeur; c'est, du reste, ce qu'a péremptoirement démontré feu M. Soyer-Willemet dans une note publiée à la suite du mémoire de Braconnot (1). Il a prouvé jusqu'à l'évidence qu'en appliquant à un hectare de terrain les données fournies par l'expérience du savant Lorrain on arrivait à couvrir cette étendue de 3,000 ou 6,000 kilog. de sel. Or, depuis très-longtemps, il est parfaitement établi qu'à des doses si formidables, le sel nuit éminemment à la germination et entrave la végétation. Aussi, comme nous le verrons plus loin, quand MM. Mayer et Schubler ont entrepris leurs essais sur le terrain, se sont-ils bien gardés d'agir avec de semblables doses.

(1) *Bon Cultivateur*. 1841. page 100.

Quatre ou cinq années plus tard, M. Becquerel, professeur au Muséum d'histoire naturelle de Paris, reprit à nouveau l'étude de l'action du sel sur la végétation. Comme Braconnot et ses prédécesseurs, ce savant confirma à nouveau par ses expériences les effets pernicieux du sel à haute dose sur la germination; il constata de plus que soumises à doses égales les graines oléagineuses résistent plus énergiquement que les autres à son action pernicieuse. Un fait déjà ancien avait du reste fait prévoir ce résultat. En 1792, près de Châteauneuf (Côtes-du-Nord), une pièce de terre récemment ensemencée de colza fut accidentellement envahie par l eau de la mer et resta ainsi submergée pendant quatre années consécutives. Quel ne fut pas l'étonnement des habitants de voir, après le retrait des eaux, le colza ensemencé depuis si longtemps germer et produire une magnifique récolte de 2,600 hectolitres de graines.

Enfin, M. Dietrich a étudié d'une manière plus rationnelle l'influence directe du sel et de son mélange avec les sels ammoniacaux sur l'orge.

L'expérience a été disposée dans 7 pots contenant chacun 1 kil. de terre. Voici avec la même quantité de grains le poids de la récolte obtenue.

POIDS.	NATURE DE L'ENGRAIS.	QUANTITÉ.	POIDS de la récolte.
1...	sans engrais....................	0 gr.	8 gr. 25
2...	sel marin......................	0 3	9 95
3...	sel marin......................	0 6	10 75
4...	chlorhydrate d'ammoniaque...	0 5	12 96
5...	chlorhydrate d'ammoniaque...	0 5	16 90
	sel marin......................	0 3	
6...	sulfate d'ammoniaque..........	0 6	16 95
7...	sulfate d'ammoniaque..........	0 6	18 35
	sel marin......................	0 3	

De toutes ces expériences de laboratoire, à part cette dernière de M. Dietrich tout à fait favorable au sel, nous ne pouvons tirer qu'une conclusion : c'est que le sel à haute dose paralyse complétement les premiers actes de la vie végétale, la germination, ou arrête l'essor de la plante dans son développement.

Ce fait scientifiquement établi fournit à la pratique un renseignement plus important que nous ne saurions de prime abord le croire. Dans le paragraphe suivant, nous ne tarderons pas en effet à nous apercevoir que c'est pour en avoir partiellement méconnu les conséquences que bon nombre d'expérimentateurs ont été conduits sur le terrain, à des résultats négatifs.

B. — *Essais pratiques.*

C'est d'Angleterre que nous sont venues les premières notions sur l'emploi du sel comme engrais; mais c'est vers la fin du siècle dernier seulement que sa réputation passa le détroit et se répandit sur le continent. De cette époque datent les premiers essais pratiques faits en France.

En 1792, des expériences furent instituées par la Société d'agriculture de Paris, sous la direction de son secrétaire, M. Silvestre. Elles donnèrent des résultats avantageux sur les terres des environs de la capitale. Douze ans plus tard, vers 1804, M. Guey, de Marseille, à l'exemple des cultivateurs anglais, répandit du sel sur le sol, mais la réussite immédiate fut loin de répondre à l'attente de l'expérimentateur. La terre resta frappée de stérilité pendant trois ans; toutefois, après ce laps de temps, elle manifesta une fécondité qu'elle n'avait jamais eue auparavant. M. Guey fut conduit par ce dernier fait à n'employer le sel qu'après un contact prolongé avec la terre. Pour cela, il arrosa des tas de terre avec de l'eau salée, les remua fréquemment, et après un an de contact, répandit ce mélange sur les semences. Les effets en furent si prodigieux que ce cultivateur crut pouvoir affirmer, comme de nos jours l'a fait M. Ville, qu'avec cet engrais minéral on pourrait désormais se passer de fumier. L'Académie de Marseille répéta les expériences de M. Guey et, sans arriver à des résultats aussi avantageux, constata cependant que la récolte en blé sur terre avec compost salé excédait d'un huitième celle produite par un sol qui avait reçu une fumure ordinaire.

Malgré tous les avantages que l'agriculture française semblait devoir tirer de ce nouvel engrais, son emploi ne se répandit guère. Il est vrai de dire que la taxe de 4 fr. par 100 kilos de sel décrétée sous la République (1792) fut successivement élevée, sous l'Empire, d'abord à 30 fr. (1806), puis à 40 fr. (1813), et que, du reste, Dieu sait si les arts de la paix prospèrent beaucoup à l'ombre des lauriers de la gloire militaire. Aussi arrivons-nous jusqu'aux premières années de la Restauration avant de voir renaître la question de l'emploi du sel comme engrais. Vers cette époque (1823), l'impôt du sel appliqué à l'agriculture venait d'être aboli en Angleterre; en France, de vives réclamations s'élevaient pour obtenir au moins un dégrèvement, mais le Gouvernement, avant d'y faire droit, crut devoir prendre l'avis de praticiens distingués, et c'est à notre illustre compatriote, Mathieu de Dombasle, qu'il confia le soin de faire des essais. Le savant directeur de Roville, après expériences, conclut à l'inefficacité du sel employé comme engrais. Cette opinion, que le ministre des finances accepta naturellement sans conteste, trouva néanmoins des contradicteurs parmi des agronomes distingués. Voici ce qu'ils dirent ou écrivirent pour la combattre : « L'expérimentateur, tout en prenant les quantités de sel indiquées dans les ouvrages anglais, n'avait tenu aucun compte de sa qualité : il avait fait ses expériences avec du sel tel que la régie le livre aux consommateurs, c'est-à-dire à peu près pur, tandis que les agriculteurs anglais, à cause du lourd impôt qui pesait alors sur le sel raffiné, s'étaient servis du rebut des fabriques contenant au plus un quart de sel ; aussi, au lieu de 468 kilos de sel indiqués pour les terres à blé dans les ouvrages anglais, n'aurait-il fallu en répandre au plus que 175 kilos sur un hectare et 87 kilos et demi au lieu de 175 kilos pour les prairies. Puis, du reste, les essais faits à Roville ont été exécutés sur une très-faible échelle et restreints d'ailleurs à quelques petites parties du territoire de la ferme. » Mais nous trouvons réponse à ces objections dans une lettre que Mathieu de Dombasle écrivait en 1832 ou 1833. Il y est dit : « Dans toutes les expériences que j'ai faites sur une multitude de récoltes et dans des terrains de natures très-variées, en employant le sel commun à différentes doses, le résultat comme amendement a toujours été complétement négatif. Toutefois, sans conclure de là que le sel ne peut activer la végétation dans certaines circonstances, je puis assurer que dans son emploi à Roville il y a toujours eu nullité complète d'effets appréciables. »

Ces conclusions prudentes d'un praticien aussi éclairé eurent un grand retentissement et ne contribuèrent pas peu à remettre en question l'efficacité du sel comme engrais.

Cependant, en 1830, MM. Schubler et Mayer reprenaient l'étude de l'action du sel sur la végétation. Les essais faits dans le Jardin botanique de Tubingue portèrent sur l'orge. En voici les résultats consignés dans le tableau suivant publiés dans le tome X, 1er cahier, page 70, du *Journal für technische und œkonomische chemie :*

PAR-CELLE	QUANTITÉ DE SEL répandue sur un hectare.	POIDS DU GRAIN récolté sur égale surface.	PROPORTION DE FÉCONDITÉ.
N° 1..	0 kil.	339 kil. 6	fécondité ordinaire du jardin.
2..	15	363 6	fécondité plus grande.
3..	30	432 0	maximum de fécondité.
4..	60	394 8	} diminution de fécondité.
5..	120	366 0	
6..	720	} épis imparfaits. {	fécondité considérablement moindre.
7..	1440		
8..	2160	0	stérilité complète.

« Ce tableau, disent les auteurs, fait voir quelle petite
quantité de sel commun suffit pour produire un effet puissant sur la végétation ; » mais en revanche, ajouterons-nous,
il démontre combien les doses exagérées ou même un peu
fortes de sel entravent et même annulent le développement
des plantes.

Peu de temps après, un Français (1832), M. Lecoq, professeur de chimie à Clermont-Ferrand, entreprit avec le sel
des expériences sur un nombre plus varié de végétaux : blé,
orge, lin, luzerne, pommes de terre. Voici les résultats obtenus avec le blé et la luzerne :

N°s	Dose par hectare.	Produit en blé.	Produit en luzerne sèche.
1	0 kil.	1400 kil.	4250 kil.
2	0	1550	4250
3	75	1500	4350
4	150	1475	6500
5	250	1650	5400
6	300	2050	3750
7	450	1750	3100
8	600	1400	2100

Les essais que l'auteur a faits sur les pommes de terre, le

lin et l'orge lui ont donné aussi des résultats avantageux, et il tire de ces expériences les conclusions suivantes :

1° Que le sel peut agir avantageusement sur la luzerne, le lin, le froment, l'orge et les pommes de terre ;

2° Que la dose la plus avantageuse pour la luzerne est de 150 à 200 kilogr. par hectare ;

3° De 250 à 300 kilogr. par hectare pour le lin et le blé ;

4° De 300 kilogr. pour l'orge.

Au-dessous de ces doses, dit M. Lecoq, le sel ne donne aucune augmentation de produits ; au-dessus il agit très-défavorablement.

Les expériences de M. Lecoq offrent certainement un grand intérêt au point de vue du mode d'action du sel, mais les conclusions qu'il en tire, relativement aux doses à employer, nous semblent bien absolues. Nous pensons que celles-ci sont subordonnées non-seulement aux qualités si variables du sol, mais encore aux quantités du sel qui y sont naturellement contenues. Que ces faits, dont M. Lecoq ne s'est point préoccupé et qui, par conséquent, n'ont pu être signalés aux praticiens, nous fourniraient l'explication des résultats contradictoires qui, autant que le maintien d'une taxe exorbitante, ont contribué à faire suspendre l'emploi agricole du sel.

Il faut laisser s'écouler près de quinze années avant de voir reparaître de nouvelles expériences sur cette question. Toutefois, pendant ce laps de temps s'accomplissait une importante révolution en économie rurale. A la théorie de l'humus, qui attribuait exclusivement à la substance organique des engrais le pouvoir d'alimenter les plantes, allait succéder la théorie minérale qui proclame l'importance des matières minérales dans la nutrition des végétaux et l'absolue nécessité de les restituer au sol pour prévenir l'épuisement. Ces doctrines, dont l'illustre Liebig fut le révélateur, remuèrent le monde agricole et suscitèrent une foule d'expériences sur le rôle important rempli par les sels minéraux dans la production végétale. Nécessairement le sel marin, que l'on retrouve dans les cendres de toutes les plantes, devint l'objet de nouvelles expérimentations, mais, le plus souvent alors, conjointement avec l'engrais ordinaire ou avec les engrais minéraux.

C'est en 1845 que parurent de nouveaux travaux sur le sel ; depuis ils se sont succédés jusqu'à nos jours sans interruption ; nous allons consigner les plus importants en suivant toujours l'ordre chronologique.

Le premier en date est celui de M. Kuhlmann, de Lille, membre correspondant de l'Institut de France.

Les essais ont été exécutés sur des prairies naturelles, séparément avec du sel, des sels ammoniacaux et avec ces produits associés. En voici les résultats :

1°

Essais d'engrais sur prairie naturelle.

	1845 Année très-humide.			1846 Année très-sèche	
ENGRAIS.	QUANTITÉ par hectare	FOIN récolté.	EXCÉDANT dû à l'engrais.	FOIN récolté.	EXCÉDANT dû à l'engrais.
	kil.	kil.	kil.	kil.	kil.
1° Sans engrais.....		5598		3519	
2° Chlorhydr^te d'ammoniaque.....	200	7665	2057	5576	2057
3° Sel marin.......	200	6333	725	3966	347
4° { Chlorhydr^te d'ammoniaque. Sel marin.....	200 200	8350	2712	5823	2304

2°

NATURE DES ENGRAIS RÉPANDUS PAR HECTARE le 20 avril 1846.	POIDS.	FOIN récolté le 8 juin 1846.	EXCÉDANT dû aux engrais.
	kil.	kil.	kil.
1° Aucun engrais...........		3323	
2° Sulfate d'ammoniaque....	200	5856	2533
3° Sel marin...............	200	3706	383
4° { Sel marin............	133	} 6496	3173
{ Sulfate d'ammoniaque..	133		

Le sel marin seul, comme le dit M. Kuhlmann, a donné en 1845 des résultats très-significatifs, bien qu'employé seulement à la dose de 200 kil. par hectare. Pendant cette année humide, son action s'est même prolongée et a fourni un excédant en regain très-notable. Mais, en 1846, la sécheresse a paralysé en partie son action, aussi n'intervient-il que pour une augmentation de récolte de 347 kil. Associé aux sels ammoniacaux, il en a augmenté les effets salutaires dans d'assez larges proportions: en somme, ce savant pense que ces expériences conduisent très-nettement à conclure que le sel marin peut être d'une grande utilité pour activer la fertilité des prairies humides, ou largement irriguées, mais qu'il est inutile et peut même nuire dans des terrains secs et élevés.

Dans cette même année si sèche de 1846, MM. Dubreuil, Fauchet et Girardin, savants bien connus dans le monde agricole, firent ensemble des expériences aux environs de Rouen. Le terrain choisi était de nature argilo-calcaire, *ne contenant à l'état naturel que des traces de chlorures ;* il fut semé en blé russe, sur trèfle, avec demi-fumure et divisé en 3 lots.

Chaque lot, divisé en 10 parcelles numérotées, reçut sur les 5 parcelles à chiffres impairs des doses égales de sels allant progressivement de 100 à 500 kil. par hectare. La seule différence entre les trois lots fut que le premier reçut le sel en poudre le 10 mars, le deuxième le même sel, mais le 27 avril, et le troisième à la même date, mais en arrosement dissout dans l'eau. Toutes les parcelles à chiffres pairs dans les trois lots ne furent point salées et restèrent comme témoins.

Des produits de la récolte, ces expérimentateurs crurent devoir tirer les conclusions suivantes :

1° L'emploi du sel dans les proportions de 200 à 500 kil. par hectare a augmenté le produit de la récolte ;

2° La dose la plus productive de sel répandu à l'état solide a été de 400 kilog. par hectare ;

3° Employée sous forme d'arrosement en solution la dose la plus avantageuse a été de 500 kilog ;

4° A l'état solide la dose la plus favorable à la production de la paille a été de 400 à 500 kil. ;

5° Sous le même état, la dose la plus favorable à la production du grain a été de 300 à 400 kil. ;

6° En dépassant la dose de 400 kilog, on a développé proportionnellement plus de paille que de grain et l'on a déterminé la verse du blé. — En citant ces conclusions, certainement très-intéressantes, nous devons cependant exprimer un regret, c'est de n'avoir pu nous procurer les données numériques sur lesquelles elles ont été établies.

Pour compléter l'énumération des expériences effectuées dans cette année, il nous reste à citer celles de M. le baron Daurier et de M. Becquerel. M. le baron Daurier a exécuté ses essais sur sa ferme de Varincourt, près Nancy. Ont été soumis à l'action du sel : le blé, la luzerne, l'avoine, l'orge, le sarrasin, puis les prés naturels. Les terres les plus diverses ont été consacrées à ces expériences : terres blanches argilo-siliceuses, terres sablonneuses, terres noires, demi-fortes argilo-calcaires et terres très-riches provenant de curures de fossés. Le sel a été employé à doses variées, mais à notre avis un peu brusquement progressives, — 15o, 3oo, 6oo, 15oo, 3ooo et 6ooo kil. par hectares. Les résultats *appréciés à l'œil* ont porté l'auteur à croire « que le sel n'est point favorable à la végétation. A haute dose, il tue les plantes, ou leur nuit plus ou moins selon leur constitution ; à petite dose, l'effet n'est point sensible. » Toutefois, les analyses de Braconnot constatent que les pailles du blé, de l'avoine et de l'orge venus en terrain salé, dans ces expériences, contiennent 2/3 et 3/4 de plus de chlorure de sodium que les pailles de ces mêmes céréales venues sur terrain sans sel.

De plus, l'orge entre toutes parait avoir la plus grande affinité pour le sel, car sa paille récoltée sur terre ordinaire contient 2/3 de plus de cet élément que la paille du blé et de l'avoine venus dans les mêmes conditions. Ces faits sont assez curieux pour être signalés en passant.

M. le baron Daurier avait annoncé pour 1847 de nouvelles expériences instituées non-seulement sur sa ferme, mais encore chez plusieurs cultivateurs du pays. Il est à regretter que les résultats qui devaient être appuyés par des chiffres n'aient jamais été publiés. L'habile agronome lorrain est du reste réfractaire aux nouvelles doctrines de Liebig ; avec Bergmann, dont il cite l'opinion, il est persuadé que les matières minérales ne contribuent en rien à la végétation, qu'au contraire, il y a lieu de croire qu'elles y nuisent constamment. M. le baron Daurier, qui vient récemment de mourir, directeur de la ferme et des bergeries impériales de Rambouillet, doit certainement avoir depuis changé d'opinion.

M. Becquerel n'hésite pas à conclure de ses expériences sur l'action du sel que cette substance, employée dans des conditions convenables, augmente pour les céréales la production en grain et en paille.

Un des résultats les plus curieux obtenus par ce savant est certainement celui qui se rapporte à la culture du riz soumis au régime modéré du sel.

Dans un sol également fumé, on a semé du riz, — mais dans une parcelle, le sel a été enfoui en même temps que la graine, tandis que dans l'autre il a été répandu seulement après la germination. Eh bien ! dans cette dernière, le riz après avoir crû dès le début avec une vigueur exceptionnelle s'est bientôt étiolé, puis a péri ; tandis que dans la première, la végétation, d'abord lente, a pris bientôt un tel essor que les épis sont apparus quinze jours avant l'époque ordinaire.

Ici, l'action du sel est manifeste dans ses avantages comme dans ses inconvénients ; ainsi les plants qui n'y avaient pas été préparés dès le début de la germination ont succombé sous son influence.

M. Becquerel a encore expérimenté l'influence du sel sur les pommes de terre alors que la maladie sévissait sur ces tubercules.

La plantation eut lieu l'hiver et pour les garantir de la gelée, les pommes de terre furent enfouies à 33 centimètres de profondeur, les unes avec 10 grammes de sel, les autres sans sel. La récolte en terrain salé eut lieu en août, *deux mois avant l'époque ordinaire* ; elle était saine, abondante et les produits de grosseur exceptionnelle, tandis que la plantation qui n'avait point reçu de sel donnait une récolte mûre seulement en octobre et gâtée au dixième.

MM. Teschemacher et Neumann ont depuis répété ces dernières expériences et ont obtenu des résultats aussi satisfaisants.

En 1849, M. Isidore Pierre, professeur à la Faculté des sciences de Caen, reprit les études faites par M. Kuhlmann sur l'augmentation du rendement des prairies au moyen de substances salines diverses. Seulement au lieu d'expérimenter sur des prairies naturelles, dont la nature des herbes varie d'une contrée à l'autre, il crut devoir, à raison de leur simplicité au point de vue botanique, faire ses essais sur des prairies artificielles : il choisit pour sujet d'expériences le *sainfoin à grande graine ou sainfoin à deux coupes*. Le sol sur lequel il opéra était de nature calcaire, parfaitement cultivé par son propriétaire, il avait porté en 1845 une récolte de colza, fumé avec du fumier de ferme à raison de 40 mètres cubes environ par hectare ; en 1846, blé Chicot non fumé ; en 1847, gros blé avec demi-fumure, c'est dans ce dernier blé qu'avait été semé le sainfoin, âgé alors de 2 ans, quand ont commencé les expériences.

Nous n'avons pas besoin de dire que le terrain a été divisé par parcelles, et que nous ne nous occuperons que des expériences faites avec le sel seul ou associé au plâtre. Nous donnons ci-contre en un tableau les résultats des diverses expériences.

Nous nous serions peut-être abstenus d'exposer les essais de M. Isidore Pierre avec autant de détails, si nous n'avions trouvé les résultats obtenus alors en contradiction avec l'opinion émise antérieurement par ce savant sur l'efficacité du sel. Nous lisons, en effet, dans son excellent *Traité de chimie agricole*, p. 442 : « Les expériences que nous avons faites avec M. Lucet, dans la plaine de Caen, sur le sainfoin, en 1849, n'ont pas donné des résultats bien encourageants. »

En rapprochant ces dernières conclusions des chiffres indiquant le bénéfice net obtenu par hectare, nous mettrons l'agriculteur praticien à même de se rendre compte de la valeur qu'il doit leur attribuer.

Résumé synoptique des résultats obtenus par M. Isidore Pierre dans ses expériences sur l'emploi du sel marin comme engrais.

ENGRAIS.	QUANTITÉ par hectare.	PRODUIT de 3 coupes en 1849 et 1 coupe en 1850.	EXCÉDANT dû à l'engrais. en plus + en moins —	DÉPENSE par hectare.		EXCÉDANT de recette brute par hectare. en plus + en moins —		BÉNÉFICE NET par hectare. en plus + en moins —	
1° Sans engrais........	»	21436 k.							
2° Sel marin..........	33 k. 1/3	23141	+ 1705 k.	1 fr. 65		+	89 fr. 66	+	87 fr. 95
3° Sans engrais........	»	22378	— 172	3	32	— 10	46	— 13	72
4° Sel marin..........	66 2/3	23106							
5° Sans engrais........	»	28268	— 352	6	66	— 30	83	— 37	49
6° Sel marin..........	133 1/3	27916							
7° Sans engrais........	»	23353							
8° Plâtre cuit.........	266 2/3	24577	+ 1224	2	66	+ 59	55	+ 56	89
9° Sans engrais........	»	22820							
10° { Plâtre cuit........	133 1/3								
{ Sel marin.........	16 2/3	25800	+ 2980	2	16	+ 111	26	+ 139	10
11° Sans engrais........	»	22513							
12° { Plâtre cuit........	133 1/3								
{ Sel marin.........	33 1/3	25167	+ 2924	2	99	+ 138	60	+ 135	61

L'examen de ce travail nous suggère encore une observation importante. En effet, nous voyons ici le sel n'agir d'une manière efficace qu'à doses bien inférieures à celles généralement recommandées. Ce fait, dont M. Isidore Pierre s'étonne et sur lequel il appelle un nouvel et sérieux examen, nous semble facilement explicable par les recherches entreprises postérieurement par ce savant sur la quantité de sel contenue naturellement dans son champ d'expériences. Il résulte de ses analyses que sa terre, sur une profondeur de 40 centimètres, divisée en deux couches de 20 centimètres, contient dans la supérieure 200 kil. de sel par hectare et dans l'inférieure 1,400 kil., soit un total de 1,600 kil. par hectare. Or avec ces quantités, on le conçoit, la dose additionnelle de sel doit être bien inférieure à celle que l'on devrait fournir à un terrain peu salé. Il est même fort heureux que le professeur de Caen ait procédé avec autant de prudence dans ses essais, car en dépassant les doses si faibles de 33 kil. par hectare il serait arrivé à des résultats complétement négatifs, et pour lui la question du sel comme engrais eût été définitivement jugée. C'est en ne procédant pas avec cette circonspection suffisante que bien des expérimentateurs ont dû échouer dans leurs tentatives.

Vers la même époque (1849), la Société d'agriculture de la Sarthe institua avec le sel des expériences : sur des prairies naturelles et artificielles, sur des récoltes-racines, des plantes potagères et des céréales, — l'année suivante (1850) sur le froment, le trèfle et l'avoine, mais toutes fournirent des résultats négatifs.

En dehors des essais pratiques tentés par les savants, nous pourrions en citer un très-instructif publié par un bien modeste agriculteur, M. Oresve, desservant d'une petite commune des environs de Rennes. Nous l'extrayons d'une lettre écrite par le prêtre breton à un journal de cette ville :

« Né fils de laboureur, j'ai vu dans mon enfance, avant que les droits réunis eussent été établis et que l'impôt eût pesé sur le sel, les laboureurs employer le sel comme engrais. Voici la manière dont ils s'y prenaient : quand ils sortaient le fumier hors des étables et des écuries, ils le déposaient en tas dans un endroit commode ; il établissaient une couche, et sur cette couche ils semaient du sel, puis ils mettaient une autre couche ou de feuilles de fougères, ou de genets ou d'ajones, le tout haché ; ensuite, ils ajoutaient une autre couche de fumier sur laquelle ils semaient du sel ; ils continuaient ainsi jusqu'à ce que le tas fût fini. Lorsque le temps des semailles arrivait, ils voituraient ce fumier sur les terres et l'étendaient. . . .

« Avec un fumier préparé ainsi l'an dernier (1856), voici l'expérience que j'ai faite. Je l'ai étendu sur un petit terrain ; j'ai semé, dans des rayons tracés avec un hoyau, 8 kilos de froment qui m'ont produit 1 hectolitre 17 litres 1/2. Le froment était de toute beauté. Un jeune cultivateur que j'avais engagé à mettre du sel dans son fumier et à fumer un seul champ comme essai a semé dans ce champ 3 décalitres de blé et en a récolté 26. Les autres champs de la ferme, engraissés avec le fumier ordinaire, ont été loin d'être aussi productifs que celui-là. »

Cette expérience toute pratique, nous avons d'autant plus tenu à la citer malgré le peu de notoriété de son auteur, que c'est, nous le croyons, la forme sous laquelle le cultivateur pourra employer le plus prudemment le sel.

Poursuivant l'exposé des travaux pratiques, passons maintenant en Allemagne. Là nous allons voir les doctrines de Liebig sur la théorie de la nutrition minérale des végétaux soumises à la critique de l'expérience.

C'est d'abord le Comité de l'Union agricole de Bavière qui, de 1856 à 1858, d'après les indications fournies par MM. de Liebig et Fraas, entreprend des essais en grand sur l'action que le sel commun mélangé aux sels ammoniacaux exerce sur la production végétale. De toutes les expériences tentées par cette association il résulte que les rendements obtenus ont été constamment supérieurs à ceux fournis par des terrains ordinaires. — Voici dans quels rapports.

1°	Terrain sans engrais............	100
2°	{ Carbonate d'ammoniaque...... { Sel commun..................	200
3°	{ Azotate d'ammoniaque........ { Sel commun..................	190
4°	{ Azotate de soude............ { Sel commun.................	produit plus élevé que le précédent.

Vers la même époque, M. Henneberg, directeur de la station agronomique de Weende (Hanôvre), expérimentait l'action du sel mélangé au nitrate de soude comparativement à celle exercée par le nitrate de soude seul et il obtenait :

NATURE DE L'ENGRAIS	QUANTITÉ à l'hectare.	RÉCOLTE SUR UN HECTARE	
		en grains.	en paille.
	kil.	kil.	kil.
1° Nitrate de soude.......	219	1285	4126
2° { Nitrate de soude....... { Sel commun	109,5 109,5	1547	4491
Différence en plus..........		262	364

Mais les expériences les plus complètes sont celles que M. Voelker poursuivit pendant une période de plusieurs années sur la ferme de Cirencester : de 1855 à 1865, sur les plantes-racines et le trèfle, puis, de 1859 à 1862, sur le blé et l'orge.

Nous ne pouvons exposer ici les expériences faites de 1855 à 1865 sur les plantes-racines, l'espace nous manque. Nous en produirons seulement les conclusions finales : le sel sera d'un très-bon emploi sur des terres légères pour les racines en général, mais à la condition de le répandre dès le mois de février, avant de semer, et de manière à profiter de l'humidité de la saison.

En ce qui concerne les expériences faites de 1859 à 1862 sur le blé et sur l'orge, nous les résumons dans les deux tableaux suivants :   (*Voir ci-contre le 2e tableau.*)

Expérience sur l'orge calculée pour un hectare.

ENGRAIS.	DOSE	RENDEMENT	EXCÉDANT	PRIX de la fumure	BÉNÉFICE (1)
	kil.	kil.	kil.	fr.	fr.
I. Sans fumure.		2434			
II. Sel..........	375	2582	148	8	18 65

M. Voelker conclut de cet ensemble d'essais que si les mélanges de sel et de nitrate de soude pour les terres calcaires et riches, de sel et de guano sur les terrains légers et pauvres, fournissent les rendements les plus élevés, le sel dans certains cas, qui dépendent des besoins du sol ou des récoltes, peut néanmoins procurer, à peu de frais, un excédant notable de récoltes. — Le sel, d'après ce même savant,

(1) Calculé sur le prix de l'orge à 18 fr. les 100 kil.

Expérience sur le blé.

ANNÉES	NATURE du sol.	NATURE de l'engrais.	DOSE par hectare.	RENDEMENT par hectare.	EXCÉDANT dû à l'engrais.	PRIX de la fumure (1)	BÉNÉFICE prix de l'engrais déduit (2)
1859	Argilo-cal-caire. Plus de potasse que de soude.	I. Sans engrais.........	»	1812 kil.			
		II. Nitrate de soude......	220 kil.	2553	741 kil.	107 fr. 80	77 fr. 45
		III. { Sel ordinaire........	188				
		{ Nitrate de soude.....	200	2728	916	111 80	117 20
1860	Argilo-cal-caire.	I. Sans engrais.........	»	2242			
		II. Sel ordinaire........	375	2238	86	8	13 50
		III. Nitrate de soude......	188	2918	676	92	77
		IV. { Sel ordinaire........	375	3135	893	100	123 25
		{ Nitrate de soude.....	188				
1861	Résultats à peu près les mêmes en ce qui concerne le mélange sel et nitrate de soude; mais le sel seul a donné cette année une augmentation par rapport au sol sans engrais de 470 kil. de grains et 150 kil. de paille.						
1862	Argilo-cal-caire. Beaucoup de soude, peu de potasse.	I. Sans engrais.........	»	1948 kil.			
		II. Sel................	375 kil.	2607	659 kil.	8 fr.	156 75
		III. Nitrate de soude......	250	3000	1052	122 50	140 50
		IV. { Sel................	250	2606	658	66 60	97 90
		{ Nitrate de soude	125				
		V. { Sel.	500	3010	1062	133 25	132 25
		{ Nitrate de soude,....	250				

(1) Fumure calculée sur les prix anglais : sel, 100 kilos 2 fr. 15; nitrate de soude, 100 kilos, 15 fr.

(2) Bénéfice calculé sur le prix de 25 fr. les 100 kilos de blé.

ralentit, il est vrai, la végétation des prairies, mais, détruisant les mauvaises herbes et les larves, procure de meilleurs fourrages. Quant aux céréales, il maintient la tige plus courte, lui communique une rigidité plus grande et prévient ainsi la verse.

Comme complément des travaux déjà si complets de M. Voelker, nous allons rapporter en tableaux ceux de MM. Grouven et Pingen (¹) sur les betteraves et Dietrich sur l'orge (²).

1860. — Grouven et Pingen (betteraves).

ENGRAIS.	DOSE par hectare.	RENDEMENT par hectare.	EXCÉDANT	QUANTITÉ de sucre pour 100.
	kil.	kil.	kil.	
I. Sans engrais.	»	6075	»	10.23
II. Sel............	353	7380	1305	10.74
III. Nitrate de soude......	423	8450	2375	11.32
IV. { Sel marin. Nitrate de soude ...	282 282	8800	2725	9.98

Ici le sel, tout en agissant favorablement sur la quantité, n'exerce pas moins une influence nuisible sur le rendement de la betterave en sucre. M. Hert, dans d'autres expériences, a confirmé ce fait et M. Peters a constaté des résultats analogues sur la pomme de terre dont la quantité de fécule diminue notablement quand elle est soumise au même régime d'engrais.

(1) *Zeitschrift des landwirthschaftlichen Vereins für Rheinpreussen*, 1860.
(2) *Berichte von Hebian*. I.

Voici enfin les essais de M. Dietrich sur l'orge :

ENGRAIS.	DOSE à l'hectare.	RENDEMENT		EXCÉDANT	
		Grains.	Paille.	Grains.	Paille.
	kil.	kil.	kil.	kil.	kil.
I. Sans engrais........	»	2390	4168	»	»
II. Sel marin.........	180	2370	4224	76	56
III. Sel marin	360	2420	4328	120	160
IV. { Sel marin........ 180 / Chlorhydrate d'ammoniaque .. 295 }		2296	4940	4	772
V. Chlorydrate d'ammoniaque........	295	2668	5080	368	912
VI. { Sel marin........ 180 / Sulfate d'ammoniaque......... 360 }		2612	5268	312	1100
VII. Sulfate d'ammoniaque.............	360	2548	5248	248	1080

Au point de cette étude où nous sommes arrivés, le rapprochement des chiffres contenus dans ce tableau nous dispense de tout commentaire.

Il serait difficile, après les beaux travaux des agronomes allemands, de citer des expériences plus complètes, plus fécondes en conséquences pratiques ; aussi allons-nous passer rapidement en revue tous les essais ultérieurs, en terminant par ceux de la ferme-école de Grignon dont les importants résultats méritent d'être rapportés avec quelques détails.

En France, c'est M. Hobitz père, membre du conseil d'arrondissement de Lyon et de la Société impériale d'horticulture pratique, qui publie dans le journal agricole *le Sud-*

Est (octobre 1864) un tableau synoptique très-détaillé de l'emploi du sel marin en agriculture et en horticulture, d'après les données fournies par MM. de Gasparin, Lecoq, etc., et il affirme avoir retiré d'excellents résultats des méthodes qu'il indique.

Puis M. Danicourt, d'Orléans (¹), qui, à l'aide du compost suivant, dans lequel le sel marin entre pour près d'un tiers, obtient de magnifiques résultats : seigle et méteil, 3o à 32 hectolitres à l'hectare dans des terres ensablées par les débordements de la Loire ; rendement des prairies naturelles et artificielles doublé; luzerne et trèfle débarrassés de la cuscute. Voici la composition de ce compost :

Sel coussin........................	300 kil.
Cendre ou charrée..................	300
Phosphates fossiles,................	150
Fiente de volaille ou poudrette.......	150
Chaux en poudre...................	100
	1.000 kil.

Coût : 100 fr.

Enfin, M. Dugrip, président du Comice de Vibraye (Sarthe) (²), qui, par l'emploi du compost de M. Danicourt, arrive sur des prairies aux rendements suivants :

ÉTENDUE des terrains.	NATURE ET DOSE de l'engrais.	PRIX de la fumure.	RENDEMENT.
I. 1 hectare	Compost : 900 kil........	90 fr.	4500 kil.
II. d°	Charrée : 60 hectolitres...	180	4500
I. 1 hectare 66	Compost : 1350 kil........	135	5500
II.	Cendre de bois : 500 hect..	225	4300

(1) *Journal d'agriculture pratique*, 1867, t. I, page 313.
(2) *Loc. cit.* et 1868, t. I, page 357.

Pour n'omettre aucuns renseignements utiles, nous devons ajouter que, contrairement aux essais de M. Voelker, deux célèbres expérimentateurs anglais, MM. Laws et Gilbert, n'ont obtenu aucun résultat significatif de l'emploi du sel sur le blé et le mangold, bien que les expériences aient été continuées pendant plusieurs années.

A Grignon, sous la direction de M. Bella, le sel, plus que nulle part, a été appliqué aux usages agricoles, soit pour le bétail, soit pour les engrais. On a mélangé le sel au guano et au phosphate de chaux, on en a arrosé les fumiers à raison de 250 kil. par hectare, et on s'est toujours bien trouvé de son emploi. Il n'a jamais été remarqué que le régime du sel, sous toutes ses formes, auquel pendant tant d'années le sol a été soumis, ait eu des inconvénients. Une partie des terres était très-mauvaise et cependant ces terres ont fourni des produits moyens à l'hectare aussi élevés que ceux des meilleures terres du pays. On peut donc dire qu'une longue et persévérante pratique, tout autant que les expérimentations directes faites avec le plus grand soin, sont tout à fait favorables à l'emploi du sel (¹).

Voici l'exposé des dernières expériences faites en 1868 et rapportées dans le *Bulletin de l'association des anciens élèves de Grignon*, année 1869.

Les essais ont été disposés sur une terre très-calcaire, la plus favorable à l'expérimentation; ils ont été installés sur trois cultures : une d'orge, une de blé et une de betteraves.

Le terrain sur lequel ont eu lieu les cultures a une couche végétale de 30 à 35 centimètres d'épaisseur ; au-dessous de cette partie active du terrain se trouve le sous-sol très-perméable mais pauvre en matières organiques.

---

(1) Note lue par M. Bella à la Société centrale d'agriculture de Paris, 1867.

Culture du blé de printemps. — Après une bonne préparation mécanique du sol (labour avant l'hiver, hersages réitérés au printemps, puis second labour suivi de hersages et de roulages); quelques parcelles de deux ares, chacune aussi semblable de composition que possible, furent, à l'aide du semoir de Grignon, ensemencées vers la fin de mars en blé bleu et richelle.

Après l'exécution des semis, chacune des parcelles reçut une espèce différente d'engrais : phosphate de chaux, engrais de potasse, sel commun, etc. Ce dernier fut appliqué à la dose de 750 kil. à l'hectare.

Il a fallu près de trois semaines pour voir apparaître les premières feuilles de blé. Une sécheresse qui, de fin mars à fin avril, avait été persistante avait beaucoup nui à la levée.

Dans le courant de mai, un binage fut pratiqué; bientôt après, on put distinguer à la luxuriance de la végétation le blé qui avait reçu du sel. Les feuilles en étaient larges, d'un vert intense et annonçaient des plantes vigoureuses : il conserva sa vigueur jusqu'au moment de la maturation complète.

La récolte salée eut lieu un peu plus tard que dans les parcelles qui avaient reçu les autres engrais, car le blé pour arriver à maturation eut moins à souffrir ou du moins résista mieux à la période de sécheresse que les autres.

Le produit de chaque parcelle mis à part fut battu au fléau. Cette opération, d'une exécution difficile pour les blés qui avaient reçu les phosphates et l'engrais de potasse, se fit plus aisément pour le blé qui avait reçu le sel, parce que les épis étaient plus beaux et renfermaient un grain plus gros, mieux nourri.

Voici les résultats fournis par les récoltes :

Engrais.	Produit à l'hectare.	Poids de l'hectolitre.
Sans engrais............	15 hectolitres.	74
Engrais de potasse.....	16 —	75
Phosphate de chaux...	17 —	76
Sel...................	19 —	78

Culture de l'orge. — Pour cette culture il n'y a eu de comparaison établie qu'entre le fumier employé seul sur cette parcelle, à côté d'une autre parcelle, sur laquelle le fumier appliqué avait préalablement été arrosé d'eau salée.

La quantité de fumier employée dans les deux cas a été de 3o,ooo kilogr. à l'hectare; le sel a été mis à la dose de 5oo kilogr.

Le terrain sur lequel eut lieu l'expérience était très-calcaire, moins riche que le précédent, mais assez propre. Il avait subi un labour avant l'hiver, un labour au printemps, ce dernier pour enfouir l'engrais.

L'orge fut semée à la volée puis énergiquement hersée pour enterrer le grain.

La végétation de cette céréale fut riche et vigoureuse comme celle du blé.

Les résultats à la récolte n'ont pas été très-sensibles en faveur du sel ; on n'a constaté qu'une différence d'un hectolitre en plus, mais le grain pesait 2 kilogr. de plus par hectolitre.

Il est vrai de dire que l'orge placée sur une terre naturellement sèche, peu profonde, a beaucoup souffert de la sécheresse du printemps et n'a fourni qu'une faible récolte (26 hectolitres par hectare).

Culture de la betterave. — Ces plantes ont été cultivées sur une terre analogue à celle qu'occupait l'orge, avec même fumure aussi.

Les betteraves semées en lignes distantes de 6o centimètres reçurent pendant le cours de leur végétation tous les soins que l'on consacre à ces plantes.

Pendant la végétation, on n'a observé qu'une légère différence dans les parcelles ; la levée avait été régulière et ne laissait pas de vide dans les lignes, mais la récolte s'est montrée bien supérieure dans le lot amendé avec le fumier ; la différence est même très-sensible et il n'est pas douteux qu'elle eût été plus prononcée encore, si l'année avait été moins sèche, l'état hygrométrique du sol ayant une grande influence sur l'action que doit produire le sel.

La parcelle qui a reçu le fumier seul en donne 47,000 kil. de racines à l'hectare.

Celle qui a reçu le fumier salé 56,500 kilogr., ce qui donne en faveur du sel une plus-value de 9,500 kilogr.

Tous ces résultats concourent à démontrer l'utilité du sel et montrent son efficacité dans les terres qui lui sont favorables. Les succès obtenus pendant plus de dix années consécutives par l'association libre des cultivateurs à Ghistelles (Belgique), viennent encore les corroborer.

Il a été constaté par les expériences faites à la ferme *Britannia* que le sel, employé dans la proportion de 300 kilog. par hectare et mélangé avec deux tiers de marne ou de chaux à l'état de compost, exerce une action efficace sur la formation de l'épi du blé, le développement du grain et le rendement, faits constatés récemment d'autre part par M. P. de Gasparin. Mêmes effets sur l'orge et l'avoine. Dans la culture de la pomme de terre, la végétation est plus vigoureuse et le tubercule acquiert plus de développement.

L'action énergique du sel sur la betterave a été prouvée de la manière la plus évidente. Ces plantes-racines obtenues sur sel sont, il est vrai, impropres à la fabrication du sucre, mais elles sont excellentes pour l'alimentation du bétail. Il en est de même pour le colza sur lequel le sel produit des effets merveilleux.

La dose pour ces deux dernières plantes peut être élevée à 500 kilogr. par hectare; seulement pour la betterave, on le mélange au fumier, au purin ou au guano, tandis que, pour le colza, il faut l'employer avec deux tiers de marne ou de chaux.

IV

MODE D'ACTION DU SEL ET DES CAUSES QUI INFLUENT SUR SON EFFICACITÉ

A. — *Mode d'action du sel.*

Depuis les tentatives faites pour généraliser l'emploi du sel dans la pratique agricole, les chimistes agronomes ont dû nécessairement chercher à expliquer son mode d'action dans l'économie des plantes. Toutefois, à l'origine de ces recherches, la théorie de la nutrition des végétaux par l'humus régnant sans conteste, il était bien difficile même d'entrevoir le rôle que le sel pouvait jouer comme engrais. Aussi voyions-nous des praticiens très-distingués en nier *a priori* les effets, tandis que ses partisans étaient réduits à attribuer son pouvoir fertilisateur à une certaine action stimulante analogue à celle que ce condiment exerce sur l'estomac des animaux : pour eux le sel excitait l'appétit de la plante comme il le fait de celui de l'animal. Ou bien, et ceux-ci se rapprochaient déjà un peu plus de la vérité, ils le considéraient comme le dissolvant direct ou indirect de l'humus ou terre végétale (¹). Plus tard, M. Lecoq assura que, sous son influence, les plantes gagnaient une quantité très-sensible de carbone.

Depuis une trentaine d'années seulement, des recherches directes sur les conditions chimiques et physiologiques qui président à la vie des plantes nous ont conduits à considérer

(1) Rose. — *Nouveau cours complet d'agriculture théorique et pratique.* Dictionnaire rédigé par les membres de l'Institut de France (section d'agriculture). 1823. Tome XIII, page 198, article *Sel.*

les minéraux comme les aliments indispensables du règne
végétal; dès lors on a pu s'expliquer le mode d'action du sel.
Mais, hâtons-nous de le dire, la question n'est point encore
complétement résolue.

D'après les nouveaux travaux que nous allons exposer,
le sel agit non-seulement sur la plante, mais encore sur le
sol; de là deux modes d'action, l'un direct, l'autre indirect.
Parlons d'abord du premier.

Bien que l'analyse chimique révèle la présence du chlorure de sodium dans les plantes et que, par conséquent, on
puisse à juste titre le classer parmi les éléments indispensables à la production végétale, il n'en reste pas moins à
peu près prouvé que, sauf de très-rares exceptions et des
sols spéciaux, la plante trouve dans la terre des quantités
de sel toujours suffisantes pour les besoins de son alimentation. Ce dernier fait est constaté par de nombreuses analyses dont nous ne citerons que quelques exemples.

	I	II	III
	Sol de Neuhof.	Sol de Salmunde.	Terre noire de Russie.
Chlore	0.15	0.021	0,04
Soude	0.10	1,279	0.11
Analyses de MM.	Krocker.	Growem.	Grandeau et Petermann.

M. Boussingault a, du reste, établi par des analyses mul-
tipliées que la proportion de chlore, l'un des éléments du
sel, annuellement enlevée par la récolte des plantes agricoles les plus usuelles sur un hectare de terrain ne saurait
être considérable; il la détermine ainsi, dans le tableau ci-
contre.

M. Boussingault est d'avis que, dans l'assolement suivi sur sa
ferme de Bechelbronn, la restitution du sel enlevé par les récoltes peut largement s'opérer par l'apport du fumier d'écurie.

Il reste donc démontré que si le chlorure de sodium donné

Expériences de M. Boussingault.

NATURE DES RÉCOLTES.	POIDS de la récolte.	QUANTITÉS de chlore et de sel enlevées d'un hectare.	
		Chlore.	Sel.
Pommes de terre...........	3085 kil.	3 kil. 3	5 kil. 5
Betteraves champêtres.....	3072	10 4	17 2
Navets...................	710	1 6	2 6
Topinambours.............	5500	5 3	8 8
Froment { grains..........	1148	» »	» »
{ paille..........	2700	1 2	2 »
Avoine. { grains..........	1044	» 2	» 3
{ paille..........	1283	3 1	5 1
Trèfle....................	4029	8 1	13 4
Pois...... }	908	» 3	» 5
Haricots.. { semences......	1580	» 1	» 16
Fèves..... }	2121	» 5	» 9

au sol à doses supplémentaires agit favorablement sur la
production, ce n'est pas tant par les quantités qu'il fournit
directement aux plantes, car celles-ci, nous l'avons vu, n'é-
prouvent pas le besoin d'en assimiler de grandes proportions, mais bien plutôt par les transformations qu'il subit
au sein du sol et les modifications qu'il apporte à l'état physique et chimique des principes minéraux qui y sont contenus et qui servent d'aliments aux végétaux.

C'est ce second mode d'action que nous allons étudier.

Un des premiers effets du sel ajouté au sol est d'y main-
tenir l'humidité. Ce fait, Braconnot l'avait déjà signalé ;
ainsi, dans ses expériences sur la végétation, avait-il remarqué que la terre de ses pots soumise au régime salé se
desséchait bien moins promptement que celle qui en avait

été privée. Cette propriété que le sel doit à son avidité pour l'eau favorise à un haut degré le transport des éléments assimilables dans la plante.

Mais son action ne saurait se borner là, et nous allons voir que non-seulement il agit sur les principes solubles du sol, mais encore qu'il devient l'agent de dissolution de ceux qui sont insolubles, notamment des silicates, phosphates et carbonates minéraux.

Des expériences nombreuses ont en effet démontré que les phosphates de chaux sont solubles dans les dissolutions salines. Liebig constate que 1 kil. de sel dans 500 litres d'eau pouvait dissoudre 15 grammes de phosphate de chaux. M. Voelker, de son côté, a établi qu'une solution de sel marin au centième dissolvait par hectolitre 6 gr. 20 de phosphate de chaux pur; enfin, M. Malaguti a confirmé, dans des recherches postérieures, les résultats obtenus par ces deux savants, et M. Péligot lui-même a reconnu récemment que le sel facilite la dissolution des phosphates. Il est donc tout à fait prouvé que le sel marin, en présence du phosphate de chaux dans la terre arable, le dissout comme le ferait l'eau chargée d'acide carbonique et le met ainsi à portée des racines de la plante sous un état de division très-grand, par conséquent parfaitement assimilable.

Le chlorure de sodium agit encore sur la silice. Au contact du silicate de potasse, il déplace la silice qui reste en dissolution en présence d'une quantité d'eau considérable, mais qui passe bientôt à l'état gélatineux si celle-ci vient à s'évaporer.

Enfin, le sel transforme le carbonate de chaux en carbonate de soude et se convertit alors lui-même en chlorure de calcium.

On a cru devoir attribuer l'action fertilisante du sel marin à cette substitution dans le sol du carbonate de soude au carbonate de chaux; aussi, selon M. Boussingault (¹) « la soude qui se trouve dans les plantes n'y étant pas avec le chlore dans un rapport tel qu'on puisse penser qu'elle y a pénétré sous forme de chlorure, c'est donc sous la forme de carbonate de soude que cet alcali est absorbé par la végétation..... C'est ainsi, ajoute le même savant, que le sel doit agir pour favoriser le développement des plantes et qu'en donnant cette substance à un sol suffisamment calcaire on l'amende réellement avec du carbonate de soude. » Malheureusement, hâtons-nous de le dire, l'opinion de l'illustre praticien est contredite par les faits, et le carbonate de soude fourni directement aux plantes n'a jamais donné que des résultats insignifiants et à M. Kuhlmann, et à M. Isidore Pierre, qui en ont tenté l'essai.

M. Velter fonde aussi l'utilité du sel marin en agriculture sur sa transformation en carbonate de soude; mais il ajoute que, lorsque le phénomène a lieu dans une terre calcaire riche en matières organiques, le carbonate alcalin, retenu par la terre, agit sur les matières organiques azotées, en hâte l'oxydation, et qu'il se forme alors du nitrate de soude. Le rôle du sel marin dans la végétation est donc ainsi défini : formation de carbonate de soude, transformation des matières azotées en produits ammoniacaux facilement oxydables; enfin, production de nitrate de soude.

Dans une note communiquée à l'Institut (séance du 24 février 1868), M. Ferdinand Jean est venu confirmer les vues émises par M. Velter. Cependant, tout en admettant comme résultat final la transformation du nitrate de soude, il pense que les réactions sont un peu plus compliquées. En somme, de l'avis de ces deux théoriciens, cette explication rend compte des bons effets produits par les engrais organiques

(¹) *Économie rurale*, t. II. page 45.

et minéraux associés au sel, elle laisse présumer que le sel marin exerce une action favorable sur la végétation toutes les fois qu'il sera appliqué à dose modérée sur des terres contenant des carbonates calcaires, des matières organiques en décomposition et des sels ammoniacaux.

Cette conclusion, à laquelle les expériences de M. Bella, sur la terre de Grignon, viennent apporter la sanction d'une longue pratique, a trouvé dans M. Péligot un ardent contradicteur.

Ce savant, tout en admettant avec M. Bella que les terres de Grignon sont depuis quarante ans dans un bon état, ne croit guère à la part qui revient au sel dans la fertilité; toutefois pour la constater il a répété les expériences de M. Velter. Pour cela, dans deux grands pots à fleurs, en terre poreuse, de 15 litres de capacité, il a introduit de la bonne terre de jardin préalablement mouillée et renfermant :

Matières organiques.........	11.1
Carbonate de chaux	30.4
Sable et argile	58.5
Pour.........	100.0

Dans cette terre il a semé, le 28 juin, des haricots. L'un des vases a été arrosé avec 3 litres d'eau tenant en solution 20 grammes de sel marin; l'autre a été arrosé avec la même quantité d'eau non salée. Dans le but de soustraire les graines au contact d'une liqueur trop riche en sel, on a versé en dernier lieu 1 litre d'eau sur chacun des vases qui ont été enterrés en plein air jusqu'à fleur de terre. Les deux vases ont été arrosés simultanément, à diverses époques, avec la même quantité d'eau. Au bout de huit à dix jours, les haricots commencèrent à se montrer dans le vase qui n'avait pas reçu de sel : la végétation suivit la marche ordinaire et le 15 août on en récolta huit tiges vigoureuses, garnies de leur feuilles et de leurs fruits. Dans le pot qui a reçu l'eau salée une seule graine a levé et fourni une tige débile qui n'a pas fleuri. Mais dans la dernière période de l'expérience, le pot salé était couvert d'une végétation assez abondante de plantes parasites : pourpier, amarante, chénopode. La présence des azotates qui auraient pris naissance a été recherchée avec soin et le résultat négatif a prouvé que loin de favoriser la formation des nitrates dans un sol calcaire pourvu de matières organiques, le sel marin y met obstacle. Donc l'expérience de M. Péligot tend à établir précisément le contraire de ce qui a été annoncé par M. Velter.

Certes nous n'hésiterions pas à admettre la conclusion émise par un savant aussi distingué que M. Péligot, si, en étudiant attentivement les faits desquels il l'a déduite, nous n'avions vu clairement que M. Péligot est tombé dans la faute qu'ont commise avant lui bien des expérimentateurs, c'est-à-dire qu'en appliquant 20 grammes de sel à 14 litres de terre (les pots de 15 litres n'étant pas complétement pleins), il est arrivé à saler ses plantations à raison de 2,857 kilogr. environ par hectare. Le calcul le plus simple démontre la vérité de cette assertion (¹).

Soumise à ces doses, nous le savons, toute végétation est à peu près impossible et de plus la formation des nitrates dans le sol étant étroitement liée à la putréfaction des matières organiques, celle-ci est complétement entravée par le sel qui à cette dose élevée agit comme puissant anti-septique, tandis qu'à faible dose, au contraire, il la facilite. Donc

---

(1) Le litre de terre de jardin, séchée, pesant 1320 grammes, 14 litres péseront 18 kil. 480 grammes. — Or le volume d'un hectare pris à la profondeur de 20 centimètres, terre moyen, représente 2 millions de décimètres cubes ou litres, soit en poids 2.640.000 kilog. établissant la proportion 18 kil. 840 poids de la terre de 14 litres est à 20 gr. quantité de sel employé comme 2.640.000 kil., poids de l'hectare est à x. Effectuant l'opération on trouve que le poids du sel pour 1 hectare est égal à 2.857 kil.

l'expérience de M. Péligot, dans les conditions où elle a été faite, ne saurait infirmer en rien l'opinion émise par MM. Velter, Ferdinand Jean et Bella sur l'utilité du sel marin en agriculture.

B. — *Causes qui influent sur son efficacité.*

La connaissance des causes qui influent sur l'efficacité du sel dans la production végétale est certainement pour l'agriculteur praticien de la plus haute importance. Malheureusement les expériences faites avec le sel jusqu'à ce jour n'ont été exécutées, ni en assez grand nombre, ni sur des terrains assez divers, ni sous des climats assez variés pour qu'on puisse actuellement déduire des résultats obtenus, les règles complètes et certaines qui président à son emploi comme engrais. Aussi nous bornerons-nous à énoncer celles qui découlent de l'étude des faits pratiques dont nous avons exposé l'analyse et des données fournies par quelques expérimentateurs.

Cette étude des conditions favorables à l'action du sel se rattache à trois ordres de faits que nous allons passer en en revue : 1° influences météorologiques ; 2° état physique et nature chimique du terrain ; 3° quantité de sel employée.

Influences météorologiques. — Si, comme l'établissent les expériences de M. Velter, le sel agit surtout sur la végétation en provoquant au contact des matières organiques la formation des nitrates dans le sol, il n'est pas douteux que l'influence de la chaleur du climat n'intervienne puissamment dans ce mode d'action. « Chacun sait, en effet, a dit M. Kuhlmann, avec quelle lenteur la nitrification s'opère dans les contrées septentrionales; chacun sait avec quelle rapidité les nitrates se reproduisent dans certaines contrées méridionales. Toutefois, ajoute le même savant, il ne faut pas attribuer exclusivement à des conditions de température ces phénomènes de nitrification; cela généraliserait trop les conditions de fertilité au profit des régions les plus chaudes. Il faut pour que la nitrification s'opère qu'il y ait des intermittences d'humidité et de chaleur. »

Ces circonstances, qui se trouvent réunies exceptionnellement dans certains pays, n'existent pas dans bien d'autres, et c'est là le cas qui se présente dans notre zone tempérée; aussi avons-nous vu le sel ne fournir que des résultats nuls ou insignifiants dans les années chaudes et sèches telles que 1846 et 1865. De là nous pouvons conclure que, seul ou associé aux engrais minéraux, le sel, dans les années où la sécheresse persiste pendant toute la période végétative, ne produit généralement sur le rendement des récoltes qu'un effet peu sensible ou nul ou même nuisible.

De ces conditions, liées, comme nous le voyons, à la présence ou à l'absence de l'eau dans le sol, nous pouvons encore déduire, et cela avec l'expérience, qu'un certain degré d'humidité est toujours favorable à l'action du sel, soit que celui-ci soit absorbé directement par la plante, soit qu'il contribue à la dissolution ou à la mise en liberté des principes nutritifs minéraux naturellement insolubles. Aussi, lorsque les essais ont été faits pendant les années chaudes et humides et même pluvieuses, les résultats obtenus ont-ils été presque toujours satisfaisants. De là encore une règle à suivre dans l'emploi du sel : il est indispensable de ne procéder à l'épandage que par un temps humide; faite pendant la sécheresse, cette opération est désastreuse dans ses conséquences. Le sel, en contact immédiat avec les plantes, corrode les feuilles et peut ainsi porter une grave atteinte à leur vitalité.

Influence de la nature physique et chimique du sol. — De

la nature physique et chimique du sol dépendent encore les causes de réussite ou d'insuccès.

D'après ce que nous venons de dire, on peut prévoir, quant à ce qui tient à la constitution physique du sol, que le sel sera nuisible dans les terrains secs et élevés, et utile dans les terrains bas et humides; que généralement les terres fortes supporteront mieux l'application du sel que les sols légers. Cependant, si les sols légers sont abondamment pourvus d'engrais de ferme, le sel étant alors présenté aux plantes par l'intermédiaire de l'eau que retiennent les matières organiques exercera dans ceux-ci une action favorable, soit qu'il agisse directement, soit au moyen des nitrates dont il provoque la formation. Si ces conditions font défaut, le sel se comporte comme un caustique et détruit les tissus des végétaux surtout si sa dose est un peu élevée.

La configuration du sol importe encore beaucoup au succès attendu de son emploi: lorsque les couches en sont fortement inclinées, il peut arriver que le sel entraîné par les premières pluies soit complétement mis hors de la portée des racines des végétaux. Il en sera de même si le sous-sol est très-perméable. Si, au contraire, il est imperméable, le sel, revenant à la surface à mesure que l'eau s'évapore, agit très-efficacement, les conditions d'humidité et autres étant en outre remplies.

La connaissance préalable de la nature chimique du sol est indispensable pour l'emploi rationnel du sel marin. Certaines données à cet égard nous sont déjà acquises par l'expérience. Ainsi nous savons que le sel produira toujours dans les terres argileuses marnées ou contenant naturellement du calcaire, un excédant de récoltes, et que l'effet en sera encore plus prononcé si ces sols sont abondamment pourvus d'engrais organiques.

Mais ce serait tomber dans l'illusion la plus complète de

croire que le sel seul, pas plus que les autres engrais minéraux employés isolément, peut suppléer à l'action des divers
éléments essentiels à la prospérité de la plante. La présence
de ceux-ci dans le sol étant indispensablement liée à la production végétale, le sel n'a ici d'autre rôle que d'en modifier
la constitution chimique ou l'état physique de façon à les
rendre assimilables.

M. Ronna, dans son excellent article *sur l'emploi du sel
sur les terres* (¹), a savamment exposé en termes clairs et
précis ces conditions.

« Admettons, dit-il, qu'un sol contienne, sous la forme
assimilable, de l'acide phosphorique, de la chaux, de la silice, etc., et qu'il manque de soude; cette insuffisance se
fera sentir pour les racines, les herbages, etc.; les céréales
en souffriront beaucoup moins relativement. — (*Emploi utile
du sel.*)

« Que le sol renferme, au contraire, un excès de soude,
soit d'un dixième, par rapport aux autres éléments de fertilité, les récoltes n'y gagneront pas et l'influence de cet
excès sera négatif. — (*Emploi nul du sel.*)

« Enfin un excès considérable de cet alcali causera de
graves préjudices. — (*Emploi nuisible du sel.*)

. . . .

« C'est dans la juste proportion entre les divers éléments
nutritifs que réside l'action de l'engrais..... Si pour assurer cet équilibre il ne manque que de la soude, l'apport
du sel fera augmenter toutes les récoltes. »

Enfin, une dernière observation qui a bien ici son importance, c'est qu'avant d'entreprendre toute expérimentation,
il est utile d'être renseigné sur la quantité de sel contenue
naturellement dans le sol, car de ce renseignement dépend

(1) *Journal d'agriculture pratique*, 1867, t. II, page 277.

nécessairement la quantité complémentaire de cet engrais que nous devons fournir aux récoltes. A cet égard, l'analyse seule doit répondre; aussi les indications que nous pourrions fournir ne sauraient avoir rien de bien précis, les recherches sur ce sujet faisant presque absolument défaut. Toutefois, nous pouvons préjuger que les terrains de sédiment contiennent à peu près tous du sel, mais en quantité très-variable; que celle-ci doit aller en décroissant à mesure que l'on s'éloigne des côtes bordant les mers pour s'avancer dans l'intérieur des continents, sauf certaines exceptions. En voici une citée par M. de Gasparin qui nous intéresse particulièrement : « On sait que la Lorraine est riche en mines de sel et en sources salées, il est présumable que cette substance doit aussi entrer dans la composition des terres arables de cette province. Ne serait-ce pas là la cause des expériences négatives de Mathieu de Dombasle? » et nous pourrions ajouter de M. le baron Daurier. Au contraire, les terres arables provenant de la désagrégation des roches primitives sont très-pauvres en sel, ce qui nous rend compte des effets sensibles que cet engrais produit sur les terrains granitiques de la Forêt-Noire ([1]), de la Bretagne, etc.

« Dans les terrains proprement dits salés, le chlorure de sodium manifeste sa présence : 1° en s'effleurissant à la surface pendant la sécheresse; 2° en prolongeant l'humidité du sol dans les temps humides et en continuant à la manifester même quand les terres non salées sont déjà sèches..... Néanmoins, quand ces terres ne renferment pas au delà de 0^g02 pour 100 grammes, elles sont très-précieuses, soit comme donnant d'excellents pâturages pour les troupeaux, soit comme très-fertiles en blé. Quand la dose de sel dépasse 0^g02, le sol cesse de se gazonner et ne porte plus que quel-

______

[1] Nessler, *Congrès de Nancy.*

ques plantes marines qui lui sont particulières, les salsolas, les atriplex, les salicornes, etc. » (DE GASPARIN.)

V

DOSES DE SEL ET DIVERS MODES D'EMPLOI.

Doses. — Il est de toute évidence que la question de l'emploi agricole du sel serait dès aujourd'hui complétement résolue si, pour les doses à administrer à chaque nature de récolte, nous n'avions point à nous préoccuper des influences complexes que nous venons de passer en revue : climat, humidité, nature du sol, etc. Malheureusement, la connaissance préalable de ces causes qui influent si directement sur le degré d'activité du sel étant indispensable, nous ne saurions dissimuler les difficultés qui entourent cette étude. Aussi, comme l'a dit M. Ronna ([1]), « c'est aux cultivateurs, instruits des modifications que fait subir au sol tel ou tel élément de fertilisation, qu'il incombe de décider, par des essais pratiques, s'il y a lieu ou non de recourir à l'emploi du sel et d'en fixer la proportion utile, mais évidemment variable. » Et, pour nous mieux faire comprendre, nous ajouterons que l'agriculteur intelligent est, vis-à-vis de sa terre, dans la même situation que le médecin en face de son malade; de même que celui-ci détermine la dose du médicament approprié à la maladie selon l'âge, le sexe, le tempérament du sujet, de même celui-ci doit fixer la quantité *de sel* à appliquer à telle récolte, suivant la nature, l'état physique en un mot suivant le tempérament du sol qui doit la porter.

Des considérations que nous venons d'exposer, il est lo-

(1) *Loc. cit.*, p. 281.

gique de déduire qu'il est impossible d'indiquer *a priori* les quantités de sel à employer. Cependant, d'après les travaux que nous avons cités, les expériences dont nous avons rendu compte, il nous sera possible, nous le pensons du moins, de fournir quelques renseignements succincts, mais importants.

Le sel, employé seul, n'est utile pour activer la fertilité des terres que dans certaines proportions : à doses trop faibles, 10, 20 kil. à l'hectare, l'effet produit est insignifiant ou nul, à moins, cas exceptionnel, qu'il ne soit appliqué sur un sol déjà riche en chlorure (voir Expérience Isidore Pierre); à doses trop fortes, 1,000 kil. et au-dessus, il entrave la germination, les végétaux souffrent et peuvent même complétement périr. Nous trouvons un exemple frappant de l'influence de l'excès de sel dans l'infertilité des terrains qui bordent de trop près la mer. En parcourant les divers tableaux où sont consignés les résultats obtenus par divers expérimentateurs, nous voyons que c'est généralement dans la proportion de 150 à 200 kil. par hectare que le sel est le plus avantageusement employé pour les prairies naturelles et la luzerne (Lecoq, Kulmann), entre 400 à 500 kil. pour le trèfle (Girardin, Dubreuil et Fauchet), entre 300 et 400 kil. pour le lin, le blé, l'orge et les betteraves (Lecoq, Girardin, etc.; Voelker, Groven et Pingen). Nous devons répéter toutefois que ces doses n'ont rien d'absolu, qu'elles sont entièrement subordonnées aux préceptes déjà énoncés : tenir compte de la nature et des besoins du sol, connaître les principes qui manquent à la terre, savoir ceux qu'on lui fournira par cet engrais. Il est important de savoir aussi que le blé supporte mieux le sel que le sarrazin, l'orge que le blé, et que la betterave, plante originaire des bords de la mer se trouve toujours bien de l'application du sel.

Divers modes d'emploi. — De l'examen des expériences effectuées jusqu'à présent sur le sol, il ressort ce fait, c'est que cette substance a été généralement employée sous trois formes : 1° seule ; 2° mélangée avec des matières minérales ; 3° additionnée aux engrais organiques.

Du rapprochement des divers modes d'emploi avec les résultats obtenus, nous pourrons peut-être tirer un renseignement utile pour la pratique agricole. C'est ce que nous allons faire en les passant successivement en revue.

Sel seul. — Il ne paraît pas que l'épandange direct du sel seul sur le sol ait donné jusqu'à présent des résultats positifs. Généralement, tons les expérimentateurs, quand ils se sont bornés à l'appliquer isolément, ont obtenu des résultats très-différents, souvent même contradictoires, et ce que l'un de nous écrivait il y a déjà vingt ans s'est trouvé aujourd'hui réalisé à cet égard. « Le sel est un engrais qui, comme tous les engrais minéraux, est difficile à manier. Employé seul et en grande quantité, il empêche les grains de subir le commencement de décomposition utile au développement du germe. Appliqué à un sol sec, sablonneux et manquant de calcaire, il aura pour effet de le rendre stérile. Ce n'est qu'en l'associant à la craie ou à la chaux qu'il produira de bons effets. Pour modérer son action excitante dans un sol pauvre en terreau et mal fumé, on ne l'emploira que dissout dans le purin ou mêlé à du fumier. En résumé, à cause des connaissances agronomiques exigées pour son emploi, l'usage ne s'en répandra-t-il que lentement » (¹).

Nous avons conservé depuis sur l'emploi du sel seul les mêmes convictions ; aussi, si le cultivateur veut en user sous cet état, ne saurions-nous trop lui recommander de ne le faire qu'avec prudence, en le répandant toujours par les temps hu-

____

(1) *La nutrition des végétaux,* Fraisse, 1855.

mides, en automne ou vers la fin de l'hiver, en deux fois plutôt qu'en une; avant les semailles pour les récoltes à graines, après, pour les plantes racines et sur les prairies naturelles et artificielles, seulement quand la végétation a repris son essor. Nous devons cependant mentionner certaines plantes originaires des bords de la mer, les choux, le crambé, l'asperge, les navots, les betteraves qui se trouvent toujours bien du régime directe du sel.

Sel associé aux matières minérales. — L'association du sel aux matières minérales n'est point nouvelle; dès le commencement de ce siècle, nous voyons M. Guey, de Marseille, arroser d'une solution saline des tas de terre, pelleter fréquemment le mélange, puis, après une année de contact, répandre le tout sur le sol. Avant lui déjà, les Anglais avaient reconnu la nécessité, pour obtenir de bons résultats de l'emploi du sel sur les terres arables, de le bien mélanger au sol avant la semaille au moyen de plusieurs labours et cultures successives. Plus tard, on le mêla à la suie, à la chaux, aux cendres, etc. Enfin, comme M. Danicourt d'Orléans, on le fit entrer dans la composition de plusieurs compost. Sous cette forme déjà, le sol commença à fournir des résultats plus certains et surtout plus constants.

Pendant ce temps, Liebig venait tout à coup d'ouvrir à la pratique agricole de vastes et lumineux horizons, en établissant d'abord l'utilité des sels minéraux dans le développement des plantes, puis en prouvant que les végétaux pour croître peuvent aussi bien s'assimiler les aliments minéraux et l'azote, produits par l'industrie ou tirés des gisements géologiques, que ceux fournis par les engrais de ferme.

Alors furent tentées de nombreuses expériences, tant en France qu'en Allemagne, et toutes vinrent confirmer d'une manière éclatante les vues du grand chimiste allemand.

Le sel fut associé, comme nous l'avons vu, à ce genre

d'expérimentations ; mélangé successivement aux nitrates, aux sels ammoniacaux, aux phosphates, au plâtre, enfin à tous les agents reconnus fertilisateurs, il fournit de très-bons résultats toutes les fois surtout que ces diverses substances furent appliquées avec discernement. Nous n'avons, pour nous convaincre du fait, qu'à nous reporter aux expériences déjà citées : de M. I. Pierre (plâtre et sel), de l'Union agricole de Bavière (carbonate et nitrate d'ammoniaque, nitrate de soude avec sel), de M. Voelker (avec sel et nitrate de soude sur blé, avec sel et superphosphate sur turneps), etc., etc. Enfin, toujours ou presque toujours, l'addition du sel à ces substances minérales en a exalté les propriétés fertilisatrices au point de fournir des rendements bien supérieurs à ceux obtenus par les mêmes matières privées de son concours.

Nous pouvons donc assurer aux cultivateurs qui savent manier ces sortes d'engrais qu'ils trouveront dans le sel ainsi usé un auxiliaire peu dispendieux et certain de fertilisation, toutes conditions d'opportunité étant d'autre part remplies.

Sel mélangé au fumier et autres engrais organiques. — Au praticien qui ne connaît pas ou qui repousse l'emploi des engrais minéraux, la forme la plus simple sous laquelle nous lui recommandons de se servir du sel, c'est certainement en mélange avec le fumier. Une pratique immémoriale en avait consacré les bons résultats en Bretagne, alors que le sel était franc de tous droits, et l'expérience de M. Oresve vient d'en ressusciter les avantages sur le même sol. M. Bella, directeur de la ferme impériale de Grignon, est venu, devant la Société centrale d'agriculture de Paris, appuyer d'une expérience de quarante années l'efficacité du sel employé en arrosement sur ses fumiers à raison de 250 kil. par hectare. En Suisse, depuis longtemps déjà, tous les liquides répandus en arrosement sur les terres, purin ou lizier, sont améliorés par le salage.

Enfin, on a aussi ajouté le sel au guano, et sans affirmer que dans ce cas il fixe les sels ammoniacaux volatils de cet engrais, comme le prétend M. Barral, il n'en est pas moins prouvé que ce mélange produit des rendements supérieurs en blé et est spécialement approprié aux terres légères et pauvres.

Comment agit le sel sur les fumiers, est-ce en ralentissant leur décomposition? On l'a dit d'abord. Est-ce en provoquant au sein des fumiers la formation des nitrates, produits plus fixes que la plupart des composés ammoniacaux qui se forment pendant la fermentation et en préservant ainsi l'engrais d'une déperdition de la substance active azotée? La théorie de M. Velter semble venir à l'appui de cette opinion, et une expérience de M. Joigneaux qui, certes, n'a pas été faite pour les besoins de la cause, vient encore l'étayer. Du fumier de cheval complétement pourri et noir, où le sel par conséquent n'avait point à fonctionner comme agent conservateur, a été divisé en deux parts, la première a reçu de l'eau salée, la deuxième de l'eau pure. A l'usage, il a été reconnu que la partie arrosée au sel était excellente, tandis que la partie arrosée d'eau pure valait très-peu de chose.

En somme, quel que soit le mode d'action du sel sur les fumiers, nous pensons que, vu l'état actuel de l'instruction agronomique chez les cultivateurs, il sera encore plus prudent de n'employer le sel et aussi les autres engrais minéraux complémentaires que mélangés au fumier et non seuls. Nous croyons que non seulement ils pourront sous cette forme les employer sans danger, mais qu'encore ce sera avec grand avantage. Dans tous les cas, avant d'introduire définitivement le sel dans la pratique, les essais pourront maintenant être faits sans grandes dépenses.

Avant de passer à la deuxième partie de ce travail, nous résumerons en quelques lignes les données principales contenues dans la première.

RÉSUMÉ

I. - Le chlorure de sodium fait toujours partie des principes minéraux des plantes. La petite quantité pour laquelle il y figure ne saurait infirmer son utilité dans la végétation, car si les recherches expérimentales n'ont pu établir jusqu'à ce jour son rôle dans la formation des matières premières de l'organisme, il est à peu près prouvé que, par ses éléments, soude et chlore, il prend une part active à la vie des plantes.

II. — Les résultats de la végétation produite sous l'influence du sel marin, contenu naturellement dans le sol ou apporté mécaniquement par l'air, conduisent à apprécier favorablement son action dans la culture des plantes.

III. — Les recherches de laboratoire, entreprises pour vérifier ce fait naturel, généralement faites avec des quantités exagérées de sel, n'ont jusqu'à ce jour démontré qu'une chose importante pour la pratique : c'est que le chlorure de sodium, employé à trop hautes doses, paralyse les premiers actes de la végétation (la germination) ou arrête l'essor de la plante dans son développement.

IV. — Il résulte d'un grand nombre d'essais pratiques, parmi lesquels on peut en compter de très-récents, que le sel appliqué dans des terres de certaine nature, dans des conditions déterminées et à doses convenables, est éminem-

ment favorable au développement des plantes et au rendement des produits.

V. — Son mode d'action dans l'économie des plantes est
plutôt indirecte que directe, car si le sel est indispensable
au végétal, ce qui reste encore à démontrer, celui-ci, sauf
de très-rares exceptions, en trouverait toujours dans le sol
des quantités suffisantes pour les besoins de son alimentation; donc si le sel donné au sol à dose supplémentaire agit
favorablement sur la production, ce n'est pas tant par les
quantités qu'il en fournit directement aux plantes, que par
les transformations qu'il subit au sein du sol et les modifications qu'il apporte à l'état physique et chimique des principes minéraux qui y sont contenus :

a. En entretenant par sa présence dans le sol un certain
degré d'humidité, il favorise à un haut degré le transport
des éléments assimilables dans la plante.

b. Il est l'agent dissolvant des phosphates de chaux naturels et de ceux contenus dans les engrais.

c. Il déplace la silice des silicates et met cet élément à
portée des racines, soit en dissolution, soit à l'état gélatineux.

d. Enfin, il transforme le carbonate de chaux en carbonate
de soude en passant lui-même à l'état de chlorure de calcium, qui se perd dans le sol. Quand ce phénomène de décomposition a lieu dans une terre calcaire, riche en matières
organiques azotées, le carbonate alcalin qui y est retenu agit
sur ces matières, en hâte l'oxydation et il se forme alors du
nitrate de soude dont les bons effets sur la végétation, combinés à ceux du sel en excédant, sont confirmés par l'expérimentation directe.

VI. — Les avantages qu'on peut, dans la pratique, tirer
des divers modes d'action du sel ci-dessus mentionnés sont

dépendants de causes très-variées et parfois très-variables :

a. Nous citerons en première ligne *les influences météorologiques* sur lesquelles nous ne pouvons avoir aucune action. Il est démontré pratiquement que l'humidité est plus favorable à l'action du sel que la sécheresse ; aussi, les effets sont-ils bien différents suivant que l'un des deux éléments domine pendant l'année agricole.

b. Dans *la nature physique et chimique* des sols résident encore des causes de réussite ou d'insuccès. L'épandage du sel sur les terres fortes donne de bons résultats dans les régions où la pluie est rare ; dans les climats pluvieux, il peut encore être appliqué avec avantage aux sols légers et fortement graissés de fumier de ferme, tandis qu'employé dans des conditions météorologiques et géologiques inverses, les effets seront nuls sinon désastreux.

Les productions sur sols calcaires et granitiques se trouvent toujours bien d'un supplément de sel, tandis que sur les terrains naturellement salés elles souffrent d'une dose excédante.

VII. — Dans l'emploi agricole du sel, on doit considérer deux choses : la dose et la manière de s'en servir.

S'il ne s'agissait que de déterminer la dose de sel qui convient à chaque nature de récoltes, il serait possible d'arriver bientôt à des notions précises sur ce sujet ; malheureusement, les causes qui influent sur le degré d'activité du sel étant nombreuses et variées, leur connaissance préalable étant hors de portée du plus grand nombre des praticiens, nous ne saurions dissimuler les difficultés qui entourent la solution de cette question. Toutefois, après l'étude attentive des expériences déjà faites, on peut dire que la dose de sel, pour produire un effet utile sur les récoltes, ne doit pas être au-dessous de 200 kil. par hectare, ni au-dessus de 1,000 kil. : à Grignon, pour le blé elle est ordinairement de 750 kil., pour l'orge de 500 kil.; en Belgique, pour les céréales généralement de 300 kil., et de 500 kil. pour le colza et la betterave.

Quant à la manière d'employer le sel, l'épandage direct de cette substance sur le sol est un des moyens qui jusqu'ici ont fourni les moins bons résultats; nous conseillerons donc toujours aux cultivateurs d'appliquer le sel mélangé aux amendements ou engrais minéraux : chaux, plâtres, nitrates alcalins, phosphates, guano, etc. Ceux d'entre eux qui savent manier ces engrais trouveront, dans cette addition peu coûteuse, une augmentation certaine de produits; quant aux autres praticiens qui n'emploient que le fumier ordinaire, ils peuvent être certains que le sel ajouté au résidu des étables et des écuries y développera dans de larges proportions des propriétés fertilisantes; de plus ils pourront aussi faire, sans danger pour la récolte, tous les essais désirables.

DEUXIÈME PARTIE

EMPLOI DU SEL MARIN DANS L'ALIMENTATION DU BÉTAIL

I

EXAMEN COMPARÉ DU RÔLE PHYSIOLOGIQUE DES ÉLÉMENTS MINÉRAUX DANS LES ANIMAUX ET DANS LES PLANTES

Dans la première partie de ce travail, nous avons établi, en quelques lignes, l'indispensabilité des principes minéraux du sol pour la production de la substance végétale. Mais, si l'expérience directe a péremptoirement démontré que sans leur concours aucune plante ne saurait créer une quantité quelconque de matière organique, nous devons avouer que les procédés d'investigation mis en œuvre sont restés infructueux jusqu'à ce jour pour déterminer la nature des fonctions départies à chacun d'entre eux dans le grand travail d'élaboration et de métamorphoses qui constitue la vie végétale.

En est-il ainsi du rôle de ces mêmes matières minérales dans la production de la substance organisée chez les animaux ? Non, car chez ceux-ci les conditions d'existence et d'accroissement étant plus simples que dans les plantes, on peut y suivre leur action d'une façon plus exacte, plus positive.

En effet, tandis que la plante organise sa propre substance à l'aide des éléments simples puisés dans l'air et le sol, l'animal, au contraire, pour lequel ces sources sont presque complétement fermées, est affranchi de tout ce travail préliminaire d'élaboration. Chez lui les substances alibiles doivent arriver toutes formées, c'est-à-dire possédant déjà une constitution analogue ou identique à celle des matériaux de son organisme. De cette différence profonde d'existence entre les deux règnes résultent ces faits logiques : c'est que dans le végétal les modes successifs d'évolution de la matière ont jusqu'ici, par leur complexité même, échappé à nos moyens d'investigation, tandis que chez l'animal, tous les actes de la nutrition, étant réduits à de simples phénomènes de substitution, peuvent être plus facilement suivis par l'observateur.

Une dissemblance encore importante à signaler est celleci : la nature comme la proportion des sels minéraux varient extrêmement, non-seulement dans les plantes d'espèces diverses, mais encore dans celles de même famille et de même genre, selon la région et le sol où elles ont crû. Dans les animaux, au contraire, pour chacune des parties solides ou liquides de l'organisme, leur quantité reste à très-peu près respectivement constante, leur nature toujours la même, et cela dans toutes les classes.

De ce dernier fait on peut nécessairement conclure que, bien que la plupart des éléments minéraux n'entrent pas comme partie constituante dans la matière animale proprement dite, ils en accompagnent d'une façon si constante les tissus et les liquides, ils s'y trouvent en proportions toujours si fixes, qu'à leur présence se rattache indubitablement un des besoins les plus impérieux de l'organisme.

S'il nous était permis, sans sortir du sujet, de donner plus de développement à cette partie de notre travail, il nous serait facile de démontrer que la diversité des liquides et des tissus, la structure même des organes et leur vitalité sont fondées, autant sur la nature des matières minérales qui les accompagnent, que sur la fixité du rapport existant entre elles et la substance organique qui les constitue. Nous aurons, du reste, dans le cours de cette étude, l'occasion de faire ressortir, surtout en ce qui concerne l'élément sel marin, l'exactitude de cette assertion.

RÔLE DU SEL MARIN DANS L'ÉCONOMIE ANIMALE

Dans l'examen comparé que nous venons de faire du rôle physiologique des éléments minéraux et dans les animaux et dans les plantes, tout ce que nous venons de dire est exactement applicable au sel. En effet, si d'un côté la proportion toujours variable et relativement petite de chlorure de sodium dans les plantes a pu jeter des doutes sur l'importance des fonctions de ce sel et même en faire considérer, par un petit nombre de savants, l'action comme complétement nulle, de l'autre, sa grande diffusion dans les liquides et les tissus de l'économie animale, l'invariabilité bien constatée de ses proportions toujours dominantes dans les humeurs fondamentales de l'organisme, ont révélé aux physiologistes modernes son rôle capital dans les fonctions de la vie.

Pour établir ce dernier fait sur des données positives, nous allons passer immédiatement à l'étude des relations du sel marin avec les matériaux divers de l'économie partout où l'analyse en a constaté la présence. Et tout d'abord nous prendrons l'un des plus importants, celui qui donne naissance à toutes les parties solides du corps : le sang.

Rôle du sel marin dans le sang. — Dans le sang, nous allons d'abord voir paraître le chlorure de sodium d'une manière constante chez les hommes et les animaux. Il résulte, en effet, des analyses publiées par M. Nasse et confirmées par un grand nombre de chimistes que

1,000 grammes de sang contiennent :

Tableau 1.

Homme..................	chlorure de sodium	4 gr.	690
Cheval	—	4	659
Bœuf...................	—	4	321
Veau...................	—	4	864
Mouton................	—	4	895
Chèvre.................	—	5	186
Porc...................	—	4	287
Chien.................	—	4	490

De l'examen de ce premier tableau, nous pouvons, en dehors de la présence bien constatée du sel marin dans le sang de tous les animaux, tirer un renseignement d'une haute valeur pour confirmer ce que nous avons avancé plus haut, à savoir que la quantité en est à très-peu près la même dans le sang des animaux d'espèces très-diverses. En effet, nous la voyons osciller entre les limites extrêmes : porc et chèvre, dans des proportions très-faibles, 899 milligrammes. Il est de plus à remarquer que chez les animaux : veau, mouton et chèvre, dont le sang est plus riche en sel, l'appétence pour ce condiment est bien plus prononcé. Ce fait, d'ailleurs très-connu, est justifié par les besoins de l'organisme; c'est une loi d'instinct imposée chez eux par la constitution chimique du sang.

Si nous recherchons maintenant quelles sont les proportions relatives du sel marin contenues dans les substances minérales fournies par le même liquide, nous arrivons aux résultats suivants :

100 grammes de matières minérales du sang contiennent :

Tableau 2.

Homme.................	chlorure de sodium	58 gr.	63
Cheval................	—	57	98
Bœuf.................	—	61	63

Veau................	chlorure de sodium	67 gr. 17
Mouton..............	—	61 87
Chèvre..............	—	65 16
Porc................	—	60 81
Chien	—	62 26

Nous voyons par ce deuxième tableau que la proportion seule de sel marin contenu dans le sang de l'homme, du cheval, du bœuf, du veau, du mouton, de la chèvre, du porc et du chien s'élève de 57 à 67 pour cent du poids total des matières minérales; qu'ainsi, parmi toutes les substances inorganiques du sang, l'eau exceptée, le chlorure de sodium l'emporte en quantité non-seulement sur chacune d'elles prises isolément, mais même sur la somme de toutes additionnées.

Le tableau suivant, exprimant la moyenne de la composition du sang de tous les animaux inscrits au tableau II, mettra plus vivement ce fait en lumière.

Tableau 3.

Sang des animaux du tableau 2.

Composition moyenne pour 100 grammes.

Matières organiques	Globules, albumine, fibrine et graisse......	11 gr. 683
Matières inorganiques	Phosphates, sulfates, carbonates alcalins et terreux, oxyde de fer, silice................	2 241
	Chlorure de sodium...	5 674
	Eau................	80 402
		100 gr. 000

« Cette forte quantité de sel marin dans le sang, a dit Liebig, est assez remarquable pour qu'on cherche à en préciser le rôle. Il est inutile de rappeler qu'elle vient toute entière des aliments. Mais si l'on compare les cendres des végétaux dont se nourrissent le cheval, la vache, etc., avec les cendres du sang de ces animaux, on constate une différence frappante : la proportion de sel contenue dans le sang est bien plus forte que la proportion qu'en renferme le fourrage. De même, en comparant les cendres de l'urine, on remarque qu'elles renferment toujours moins de sel marin que les cendres du sang; la proportion de sel marin dans l'urine correspond à celle des aliments. Ces faits semblent indiquer dans les vaisseaux sanguins une action particulière qui s'oppose à la fois à la diminution et à l'augmentation du sel marin, puisque la proportion ne s'en élève pas au delà d'une certaine limite. Le sel marin ne serait donc pas un principe accidentel, mais bien un principe constant, et il s'y trouverait dans une proportion jusqu'à un certain point invariable. »

Cette dernière conclusion, donnée comme probable par l'illustre chimiste, trouve dans les faits suivants une éclatante confirmation. L'animal, pendant toute la période de son existence, élimine de son organisme par voie d'excrétion, sous forme de sueur, d'urine et de fèces, des quantités très-notables de chlorure de sodium. Ce sel provient du sang qui lui-même le tire des aliments. Or, pour que l'état d'équilibre, que nous avons signalé entre les parties constituantes du sang persiste, il faut restituer à celui-ci, soit par les aliments, soit par addition aux fourrages, la quantité de sel éliminée. Quand cette restitution est à peu près complète, l'animal n'éprouve aucun trouble dans les fonctions de la nutrition. Lorsqu'elle est insuffisante, aussitôt les instincts se réveillent, et l'on voit l'animal rechercher avec ardeur ce condiment. Celui qui vit à l'état de domestication lèche les murs, les plâtres chargés de principes salins et jusqu'au sol imprégné de l'urine des autres animaux. Celui qui vit en liberté fait des centaines de lieues pour satisfaire à ce besoin de sel, témoins les cerfs et les buffles de l'Amérique.

Si le sel ne se trouve ni dans l'eau, ni dans la terre, ni dans

les fourrages, la fécondité des femelles diminue, la maladie
envahit les troupeaux et bientôt survient la mort. Ces derniers
faits ont été observés par M. Warden, dans le nord du Brésil et par M. Roulin, dans la Colombie.

Quand, au contraire, l'animal est progressivement soumis
au régime du sel jusqu'à exagération, voici ce qu'on observe :
la dose excédante, d'abord peu élevée, est entièrement éliminée par les urines qui deviennent de plus en plus riches
en chlorure de sodium ; si elle est augmentée, elle provoque
dans l'intestin un afflux anormal de sécrétions et par suite
la purgation. Enfin quand le chlorure de sodium est administré à très-haute dose, ce sel, ne pouvant être éliminé
suffisamment ni par les reins, ni par l'intestin, s'accumule
dans le sang en telle proportion qu'alors la substance albu-
minoïde de ce dernier (plasmine du Dʳ Denis, de Commercy)
se coagule, la circulation s'arrête et l'animal meurt empoi-
sonné.

Chez l'homme, des phénomènes analogues se produisent :
quand le chlorure de sodium est complétement exclu de ses
aliments, le sujet devient chlorotique, pâle, faible, languis-
sant, il s'œdématise. Ce fait a été observé chez les peuplades
qui habitent les pays montagneux de l'intérieur de l'Afrique
où le sel fait souvent et quelquefois longtemps défaut, et il
s'est tout récemment produit chez nous pendant la malheu-
reuse guerre de 1870. Dans certaines villes assiégées telles
que Metz et Verdun, les effets du manque de sel se sont
fait surtout sentir sur les enfants du premier âge et ont contribué à en augmenter la mortalité dans de larges proportions.

Si la privation de sel produit dans l'économie les désordres que nous venons de signaler, ne peut-on pas se deman-
der si la consommation en excès n'est point la cause unique
ou principale de la manifestation de certains troubles con-

stitutifs dans les muscles, les os, les muqueuses, les humeurs, etc., observés chez les individus involontairement soumis à l'influence dominante de ce condiment? Le scorbut, par exemple, ne peut-il point être considéré comme la résultante d'une intoxication lente, mais permanente du sel?

« Ce qu'il y a de certain, dit le Dr Bergeret, c'est que le scorbut se montre surtout chez les marins qui font des voyages de plus de six mois sans toucher terre, dans les armées soumises au régime des salaisons par les temps humides et froids, et même quelquefois dans les usines, dans les prisons et chez des gens dont la nourriture, le plus souvent végétale, exige pour être consommée l'addition d'une forte quantité de sel, alors que l'atmosphère humide dans laquelle ils vivent et la malpropreté du corps empêchent l'élimination par la peau de l'excédant de sel introduit dans l'organisme. »

La production de tous les phénomènes morbides que nous venons de signaler se rattache exclusivement au double rôle bien remarquable que joue le sel marin dans le sang : tant que cet élément existe en proportion convenable dans l'eau de cette humeur, il y maintient en solution les substances essentielles à sa constitution. S'il venait à faire défaut, la fibrine, l'albumine, la caséine, etc., se coaguleraient, et par suite cesseraient la circulation, la vie.

D'autre part, il empêche les globules sanguins (hématies de Gruithuissen et Ch. Robin) de se dissoudre. Ceux-ci, en effet, fondent dans une solution concentrée d'albumine *pure*, dans de l'eau *pure*, mais se maintiennent intacts dans l'une et l'autre, contenant seulement un centième de leur poids de sel marin. Nous pouvons encore dire qu'il en provoque aussi le développement.

Ajoutons que le sel marin fournit la soude des sels de cette base que l'on retrouve dans le sang.

Il est inutile, après l'exposé succinct de ces faits, d'insister sur l'importance physiologique du sel marin dans le sang ; toutefois, avant de clore ce paragraphe, croyons-nous devoir établir que le chlorure de sodium est le sel caractéristique du sang, comme le chlorure de potassium est celui de la chair musculaire, mais qu'en aucun cas, comme l'ont démontré les expériences de MM. Stuart Cooper et Bouchardat, en 1849, confirmées par M. L. Grandeau en 1863, ils ne sauraient, malgré leur analogie chimique, être substitués l'un à l'autre. C'est ainsi, d'après M. Grandeau, que 1 gr. de chlorure de sodium dissous dans 3 grammes d'eau, injecté dans la veine jugulaire d'un fort chien ne produit aucun effet sensible sur l'animal, tandis qu'un chien de même taille soumis au même traitement, mais avec une solution semblable de 1 gr. de chlorure de potassium, tombe mort comme foudroyé. Ce dernier sel existe cependant dans le sang, mais il se trouve exclusivement confiné dans les globules, tandis que le chlorure de sodium se rencontre seulement dans la partie liquide ou *plasma*.

Tableau 1.

SUJETS	POIDS VIF moyen.	POIDS TOTAL DU SANG d'après le Dr Huxley.	CHLORURE DE SODIUM contenu dans le sang.	QUANTITÉS ÉLIMINÉES dans les 24 heures.
Cheval...	398 kil.	30 kil. 615	142 gr. 64	
Bœuf....	725	55 769	220 98	71 gr. 76
Veau....	50	3 845	18 67	
Brebis...	48	3 692	18 07	
Chèvre...	60	1 615	23 93	
Homme..	70	5 384	25 25	21 47

Comme dernier renseignement bon à consulter, nous donnons, dans le tableau ci-dessus n° 4, la quantité de sel marin contenu dans la totalité du sang de l'homme et des divers animaux de ferme, de plus celle du même sel excrété par l'urine, les fèces et la sueur dans les 24 heures, regrettant cependant que les documents nous aient fait défaut pour compléter cette dernière colonne.

Rôle du sel dans les humeurs diverses de l'organisme. — Pour ne point fatiguer l'attention du lecteur, nous ne poursuivrons pas avec les mêmes détails que pour le sang, l'étude des rapports du sel avec tous les autres liquides et solides de l'organisme, nous nous contenterons de démontrer, par le tableau suivant, sa grande diffusion dans la machine animale, d'indiquer les proportions pour lesquelles il entre dans ces diverses parties, de signaler enfin quelques-unes des particularités qui établissent son importance physiologique.

Tableau 5.

100 gr. de cendres des diverses substances ci-dessous contiennent :

SUBSTANCES DIVERSES	HOMME	CHEVAL	BŒUF	VEAU	MOUTON
Salive................	62.20	82.00	32.31		60.00
Chyle................		67.80	87.70		
Lymphe..............		72.90			
Suc gastrique........	83.00				60.00
Bile	38.00		28.57		
Mucus intestinal ...	75.92				
Sérosité cellulaire.		89.54			
Synovie..............		8.57			
Liqueur de l'œil...		76.95			
Urine................	13.44	2.40	2.60	1.90	
Fèces	4.30	0.10	2.60		0.36
Lait	0.03		0.05		
Sueur	48.00	60.00			
Cartilage...........	8.23				

Comme l'inspection du tableau 5 l'indique, le sel est largement répandu dans l'économie animale. Nous le trouvons de plus, toujours en proportion relativement considérable, dans les liquides fondamentaux de l'organisme : sang, lymphe, chyle et dans les sécrétions qui interviennent directement dans les fonctions de la digestion : salive, suc gastrique, bile, mucus intestinal, etc.

Nous pourrions ajouter aux substances portées dans ce tableau un grand nombre d'autres contenant le sel marin en notable quantité : eau de l'amnios, liquide céphalo-rachidien, larmes, mucosités nasales et buccales, œufs, matières cornées, os, dents. — *Produits morbides :* liquides hydropiques de l'hydrocéphale, de l'hydrocèle, des hydatides, pus, concrétions, arthritiques, etc., etc.

Passons maintenant une revue rapide des faits qui établissent son utilité évidente dans les principales substances que nous venons de citer :

Et d'abord de tous les liquides portés au tableau 5, l'urine est un de ceux dont la teneur en chlorure de sodium offre le plus grand écart. Elle peut aller chez l'homme de 3 à 8 grammes pour 1000 grammes et même au-delà, suivant la quantité de sel employé comme condiment dans la cuisine ou à table.

Toutefois, ce liquide ne contient pas que le chlorure de sodium ingéré chaque jour : une partie est réellement excrémentielle et provient de l'élimination trophique des éléments anatomiques. La preuve, c'est que pendant la diète absolue, ou lorsqu'on supprime complétement le sel de l'alimentation, la quantité diminue graduellement; mais, après quelques jours, elle est invariablement fixée entre 2 et 6 gr. Ce fait démontre que le chlorure de sodium est un élément constitutif de l'urine comme des autres liquides et qu'à ce titre, il est utile comme aliment.

En outre, les belles recherches de Liebig nous apprennent

que les cartilages, point de départ de la génération des os, ne pourraient se former sans la présence du sel de cuisine. Cette découverte acquise rend compte des modifications importantes qu'on peut imprimer à la constitution des jeunes sujets en veillant à ce que le sel leur soit fourni en quantité suffisante et en proportion convenable. Elle justifie encore l'instinct qui les porte généralement à rechercher ce condiment si nécessaire au développement rapide de leur charpente osseuse.

Puis viennent les consciencieux travaux de Strecker sur la bile. Ceux-ci nous démontrent que l'un des éléments du chlorure de sodium, la soude, est un constituant essentiel de ce liquide surtout chez les ruminants. Ainsi, malgré la prédominance bien constatée de la potasse sur la soude dans leur alimentation toute végétale, on ne rencontre dans la bile du bœuf que la soude et pas ou peu de potasse.

Le même élément soude est encore la base qui communique le caractère distinctif d'alcalinité propre à la plupart des sécrétions de l'appareil digestif, et si l'on ajoute que l'acide chlorhydrique, dérivant aussi du chlorure de sodium, est, d'après quelques physiologistes, l'acide qui communique souvent au suc gastrique toute son activité, on est en droit d'affirmer que par ses deux éléments, chlore et sodium, tantôt séparés, tantôt combinés, le sel prend une part essentielle et directe à l'acte si important de la digestion.

Enfin, sans participer directement à la formation de la chair ou de la graisse, le sel de cuisine n'en hâte pas moins la production en favorisant d'une manière indirecte l'assimilation des matières albuminoïdes azotées et des substances féculentes. Dans l'engraissement des animaux il fait gagner du temps. « Ainsi, bien que Skrenk ait trouvé que la quantité d'albumine dissoute dans le suc gastrique n'est pas augmentée par une addition de sel, Lehmann et Frerichs ont toujours observé une accélération de la digestion de l'albumine en présence de petites doses de chlorure de sodium. Cette observation s'explique très-facilement, puisque Frerichs a constaté que l'action du sel marin augmentait la sécrétion de la salive et que Bardeleben et Frerichs ont vu, sous son influence, se ramasser une plus grande quantité de suc gastrique. Or, comme la salive prépare la digestion des matières féculentes en transformant l'amidon en sucre, et comme le suc gastrique est le plus important des liquides qui dissolvent les corps albumineux, il est évident que des doses modérées de sel doivent activer la digestion. (') » Nous pouvons ajouter qu'elles la rendent aussi plus parfaite et plus profitable ; que, la digestion étant plus prompte, le besoin de manger devient plus fréquent ; que cette excitation de l'appétit, indispensable pour l'engraissement des animaux, est maintenue malgré les conditions défavorables d'une stabulation presque permanente. C'est là certainement l'un des grands avantages pratiques de l'emploi du sel dans l'alimentation du bétail.

Après cette revue rapide des fonctions que, par ses éléments chimiques, le sel marin remplit dans chacun des liquides et des solides de l'organisme, tant au point de vue de leur constitution intime que de leurs propriétés spéciales, nous omettrions l'un des faits capitaux de cette étude si nous ne faisions connaître le rôle bien plus général et non moins essentiel qu'il doit, dans les fonctions vitales, à l'un de ses caractères physiques.

Ce caractère si important nous allons d'abord le constater à l'aide d'un appareil fort simple et d'expériences faciles à réaliser.

Voici l'appareil : il consiste en un tube creux en verre de

(1) Moleschott. — *Circulation de la vie*. t. II. page 60.

12 à 18 centimètres de longueur et d'environ 7 millimètres d'ouverture intérieure, puis un verre à boire. L'une des ouvertures du tube est fermée par une membrane animale (un morceau de vessie ramollie dans l'eau) bien tendue et fixée à l'aide d'un fil fort. On introduit le tube dans le verre en ayant soin de l'y suspendre à l'aide de deux planchettes étroites dont les extrémités serrées par deux anneaux en caoutchouc portent sur les bords du grand vase.

L'instrument ainsi disposé, on exécute les expériences suivantes :

A. — On verse dans le verre de l'eau ordinaire jusqu'au deux tiers environ de sa capacité, on emplit ensuite du même liquide le tube jusqu'à moitié, puis on fait glisser celui-ci, serré entre les deux planchettes comme dans une pince, jusqu'à ce que le niveau de l'eau des deux vases concorde exactement. Cela fait, si l'on observe l'appareil, on s'apercevra qu'après plusieurs heures et même plusieurs jours de contact aucun changement ne s'est produit dans la hauteur réciproque des liquides.

B. — Mais il en sera tout autrement si dans cette expérience on fait intervenir le sel ; en effet, quelques grains de ce produit, introduits dans l'eau d'un des deux vases, fait changer, après quelques minutes seulement, la hauteur des niveaux : l'eau monte dans le tube et baisse dans le verre si c'est dans le premier que l'on a mis du chlorure de sodium, et le contraire a lieu si c'est dans le second. En mettant du sel dans l'un et l'autre vase, en quantité proportionnellement égale, on revient aux conditions de l'expérience A, c'est-à-dire pas de changement dans les niveaux. Si la proportion de sel est inégalement répartie dans les deux vases le liquide s'épanchera toujours du côté de la plus forte et avec d'autant plus de rapidité que la différence entre les quantités sera plus grande.

C. — En substituant à la solution saline du tube soit du sang défibriné, soit le serum provenant de sa coagulation à chaud et en ayant soin d'élever la température du verre à 37 ou 38 degrés, on verra, aussitôt les deux vases mis en communication avec les précautions indiquées dans l'expérience A, les liquides du tube monter comme vient de le faire l'eau salée. Ce fait n'a rien de surprenant : il est la conséquence de la présence, déjà connue, du chlorure de sodium dans la partie liquide du sang.

Quant au temps que l'eau met à traverser la membrane pour aller vers la solution salée, l'on constate : 1° que la rapidité avec laquelle s'effectue son passage est d'autant plus grande que la différence entre le degré de salaison des deux liquides est plus considérable ; 2° qu'elle est énormément augmentée par l'addition à l'eau salée du tube d'une petite quantité d'alcali libre ou d'un sel alcalin : carbonate, phosphate ; 3° enfin qu'elle est portée à son maximum lorsque, la solution du tube étant alcalisée, on verse en même temps une légère quantité d'acide dans l'eau du vase extérieur.

Ces expériences si simples établissent d'une manière très-nette la singulière propriété que possèdent indistinctement tous les liquides salés (eau, sang et autres humeurs de l'organisme) d'attirer l'eau à travers les membranes animales, comme le ferait le piston d'une pompe aspirante et par suite nous dévoilent le rôle mécanique si considérable que joue le chlorure de sodium dans l'un des phénomènes les plus importants de l'économie animale, l'absorption.

Mais pour bien saisir ce rôle, il est indispensable que nous fassions connaître en quelques mots la structure anatomique des parties molles des animaux. Ces parties sont constituées par des canaux ou tubes très-petits qui communiquent entre eux de façon à former un réseau à petites mailles qui donne à ces parties le caractère d'un tissu spongieux. Ces tubes à parois très-distinctes, très-minces, formées d'une membrane sans structure déterminée et dont le calibre varie de 7 millièmes à 14 centièmes de millimètre sont appelés vaisseaux *capillaires* (grosseur d'un cheveu). Sur tous les points ces vaisseaux s'embranchent, se soudent, l'épaisseur de leurs parois et leur diamètre intérieur augmentent successivement jusqu'à transformation en d'autres tubes plus gros, *veines* et *artères* qui viennent enfin s'ouvrir dans le cœur. Tout cet ensemble de petits tubes emprisonne, dans un réseau à mailles plus ou moins serrées, des tissus, composés anatomiques ultimes, que l'on nomme *tissus extra-vasculaires*.

Dans les capillaires, ainsi décrits, circulent pendant la vie les humeurs diverses de l'organisme; les uns contiennent un liquide rouge, *le sang*, les autres sont remplis d'un liquide incolore aqueux, *la lymphe*, ou laiteux, le chyle, etc. Ces mêmes liquides traversent les parois des capillaires et viennent imprégner les tissus extra-vasculaires. Nous nous trouvons donc ici, comme dans l'appareil qui nous a servi à exécuter nos expériences, en présence de liquides salés (sang, lymphe, chyle, etc.) circulant dans des tubes formés de membranes animales, aussi voyons-nous ces vaisseaux fonctionner, par l'intermédiaire du sel, comme de véritables pompes aspirantes.

C'est sur ce fait bien établi qu'est basée l'absorption des substances nutritives par le sang. En effet, le liquide qui contient en solution et à l'état d'émulsion les substances nutritives qui résultent de la digestion arrive en contact avec la couche de tissu mou qui forme la paroi du canal alimentaire et la pénètre. Là, se trouvant en présence des innombrables vaisseaux capillaires remplis de sang, il est aspiré à travers leurs parois membraneuses et entraîné dans le courant de la circulation, et cela avec d'autant plus de facilité que la dissolution des aliments effectuée dans l'estomac est acide, tandis que le sang est à la fois un liquide salé et alcalin. Le sang ainsi chargé des substances nutritives se dirige vers le cœur et est envoyé de là à tous les organes de l'économie, dont il répare les pertes, en enlevant en même temps les résidus provenant de l'usure.

Il est évident d'après ces faits que le sel est l'agent mécanique d'introduction du nutriment dans le sang, qu'il participe ainsi directement à l'un des phénomènes indispensables de la vie : la nutrition. Il joue encore dans les profondeurs de l'organisme un rôle peut-être moins facile à saisir, mais tout aussi probable. Il doit certainement provoquer entre les divers liquides de l'économie, séparés par de simples membranes, des échanges de matériaux, d'où résulte l'état constant d'équilibre que nous constatons dans leur densité et leur composition.

A ces titres divers, on peut maintenant affirmer que si le sel marin ne participe point *directement* par ses éléments à la formation des organes, il est certainement l'intermédiaire puissant et indispensable de certaines fonctions générales. C'est ce que nous voulions établir.

Arrivé au terme de cette étude physiologique du sel, nous pouvons la résumer dans les propositions suivantes :

1° La grande diffusion du chlorure de sodium dans l'organisme dénote son importance physiologique;

2° L'invariabilité de ses proportions toujours dominantes dans les liquides de l'économie établit d'une façon incontestable son utilité dans les fonctions de la vie chez l'animal;

3° Dans le sang d'un même animal, depuis le cœur jusqu'aux vaisseaux les plus ténus, la quantité de sel est uniforme et constante;

4° Il doit toujours exister entre le sel et les parties constituantes du sang un rapport fixe, que le mode de nourriture ne saurait altérer sans causer des désordres morbides;

5° Parmi les éléments minéraux du sang, le sel est un des plus nécessaires : il entretient d'une part la liquidité du sang en y maintenant en solution l'albumine, la fibrine, qui sans lui se coaguleraient; de l'autre, il empêche les globules sanguins de se dissoudre en présence de l'albumine seule et de l'eau pure;

6° A sa présence est liée la formation du cartilage, ce premier rudiment de la charpente osseuse;

7° Enfin, il intervient utilement dans l'acte de la nutrition : 1° directement, en fournissant séparément l'un et l'autre de ses éléments : la soude à la plupart des sécrétions de l'appareil digestif, bile, etc.; l'acide chlorydrique au suc gastrique; 2° indirectement, en exaltant l'écoulement de la salive et du suc gastrique, agents d'assimilation des matières féculentes et albuminoïdes; 3° mécaniquement, par la propriété physique qu'il possède d'attirer vers le sang, à travers les membranes, comme le ferait une véritable pompe, les liquides nutritifs de l'appareil digestif, puis en provoquant un échange continu de matériaux entre les humeurs diverses de l'organisme, échange indispensable pour remplacer les éléments usés dans les fonctions vitales.

8° Et, comme conclusion finale, nous ajouterons que le chlorure de sodium est aussi nécessaire à la formation des organes que le sont l'albumine, la fibrine, le phosphate de chaux, le fer, etc...

II

UTILILÉ DU SEL DANS L'ALIMENTATION DU BÉTAIL TIRÉE DE L'OBSERVATION DES FAITS

Avant que les recherches expérimentales de la science, entreprises au plus depuis 5o ans, aient établi les effets du sel dans l'alimentation du bétail, ce produit jouissait dans la pratique d'une réputation que nous pouvons dire légendaire, tant il faut remonter haut dans le temps pour en indiquer l'origine. Nous nous abstiendrons de traiter ce côté historique de la question, qui intéresse plus l'érudit que le praticien, pour aborder immédiatement l'exposé des faits révélés par la simple observation.

Faits naturels. — L'un des premiers faits qui frappent d'abord l'attention du plus vulgaire observateur, c'est le goût naturel pour le sel des animaux domestiques et de ceux de même espèce qui vivent à l'état sauvage. Nous avons déjà cité les longs voyages que font les cerfs de l'Amérique du Nord pour aller chercher les sources salées. C'est à ce même goût instinctif des buffles pour ce condiment que les habitants de l'Ohio, du Kentucky, du Missouri, de l'Indiana, doivent, en suivant la piste de leurs troupeaux, la découverte de sources salées et de mines de sel gemme. On a pu remarquer aussi que les tourterelles et les ramiers s'abattent par bandes autour des sources dont l'eau se trouve plus chargée de cette substance, et que leurs congénères domestiques, les pigeons, quand ils sont privés de sel, désertent leurs colombiers pour aller habiter ceux où l'on entretient un bloc de sel gemme. C'est encore par la distribution d'une provende salée que le pâtre des montagnes et le colon du Nouveau-Monde rallient à heure fixe autour de leurs demeures le bétail dispersé dans les pâturages alpestres et les immenses savanes.

L'instinct, à défaut de sel en nature, fait rechercher par tous ces animaux les aliments salés. Dans la *Gazette agricole anglaise*, M. Edward Bevan rapporte qu'ayant planté de navets deux hectares de terrain qui avaient été engraissés par les moyens ordinaires, à l'exception de six petites pièces dont la première avait reçu de la suie, la deuxième de la chaux, la troisième des cendres, la quatrième *du sel*, etc., il arriva que les navets de la grande pièce ayant été consommés, ses moutons trouvèrent une nuit le moyen de renverser les claies qui clôturaient les pièces faisant l'objet de ses expériences, qu'ils se jetèrent sur les navets salés et les dévorèrent sans toucher à un seul des navets des autres pièces.

Qualités hygiéniques attribuées au sel. — Ces remarques ont naturellement conduit les hommes qui vivent au milieu des animaux à observer les effets d'une substance qu'ils recherchent avec tant d'avidité. Et tout d'abord, il ressort d'un examen général que, dans les pays où le bétail reçoit du sel, on trouve des sujets plus beaux d'aspect, plus robustes de santé que dans les contrées où il en est privé.

« Entre les régions de l'Est de la France et la Suisse, dit M. Demesmay, se trouvent les montagnes du Jura. Sur les sommités de leurs chaînes les plus élevées, s'étend la frontière. Des deux côtés, un sol de même nature, ondulé du côté de la France, en pentes rapides du côté de la Suisse, s'abaissant jusqu'à la région où se cultivent la vigne et les semences réservées aux climats tempérés. Sur la cime de la montagne, sur ses flancs, dans la plaine, des cultures identiques sont pratiquées par les Suisses et les Français. Au sommet, les mêmes pâturages séparés seulement par une borne; plus bas, les mêmes prairies, les mêmes produits agricoles; plus bas encore, les mêmes cultures dans l'un et l'autre pays. Et pourtant, en Suisse, depuis le chalet du Jura jusqu'au pied des Alpes, c'est-à-dire sur la montagne comme dans la plaine, partout on trouve un bétail nombreux, admirable de taille, de santé et d'embonpoint; des taureaux et des bœufs vigoureux, des vaches pouvant à peine se mouvoir, embarassées qu'elles sont par le poids de leurs mamelles.

« En France, au contraire, à part chez les cultivateurs aisés des montagnes, le bétail est, en général, de taille grêle et ne peut être comparé au bétail suisse pour la viande et le laitage qu'il produit.

« D'où vient cette différence ?

« Demandez-le à nos agriculteurs, demandez-le aux agriculteurs suisses; de tous vous aurez la même réponse : « En « Suisse on donne le sel en abondance, en France on l'é- « pargne ou même on n'en donne pas du tout... » Et cette différence dans l'emploi du sel n'a pas lieu seulement pour l'entretien du gros bétail, mais encore pour les chevaux, les porcs et même l'espèce ovine, à la santé de laquelle le sel est encore plus indispensable.

« Aussi, le secret de cette inégalité entre le bétail de deux régions qui se touchent, dont le sol et les cultures sont identiques, le secret de la richesse animale de l'une et de la pauvreté relative de l'autre se réduit à ceci : à l'abstention dans l'une et à l'emploi du sel dans l'autre. »

Sans sortir, du reste, de notre pays, ces différences s'observent entre la valeur des troupeaux de diverses contrées. Tout le monde reconnaît la supériorité des animaux, moutons et bœufs, engraissés sur les herbages salés des côtes de l'Océan et tous les consommateurs apprécient la saveur exquise de leur viande due en ce cas à l'heureuse influence du sel.

M. Fawtier, dont nous aurons à citer l'autorité sur la question du sel, a pu confirmer par des faits tirés de sa pratique l'efficacité de ce produit sur la santé des animaux. « Je me suis décidé, dit-il (1), depuis cinq années à donner du sel en plus grande quantité à mes bestiaux. Or, pendant ces cinq années, sur *cent et quelques chevaux* que j'emploie à mes cultures et à d'autres services plus rudes, *je n'en ai pas perdu un seul par maladie*. Les affections internes ont été chez eux rares et peu graves, et j'ai pu obtenir assez souvent de ces animaux un travail exagéré sans résultats fâcheux. En outre, un troupeau formé il y a trois ans, de 400 agneaux de rebut, restes misérables de la vente de plusieurs troupeaux, a été élevé par moi dans ma ferme des Abouis, réputée cependant comme peu favorable à l'entretien des bêtes à laine, et s'y est, *grâce au sel*, rétabli et tellement fortifié, que, sauf quelques pertes éprouvées à son arrivée, la mortalité par la pourriture n'a pas été d'un demi pour cent, par an, en moyenne. »

Aujourd'hui, en Angleterre, en Allemagne et partout où l'emploi du sel est répandu, l'expérience a prouvé que les chevaux et les bœufs qui reçoivent du sel sont plus ardents et plus forts, mieux disposés aux travaux pénibles, à la course, au charroi et au halage. Dans ces pays, il est non-seulement constaté que l'usage habituel du sel entretient le bétail dans un état florissant, mais encore il est admis qu'il le soustrait à l'influence des causes fâcheuses qui occasionnent les maladies, telles que le froid humide, les émanations miasmatiques, l'alimentation insuffisante ou de mauvaise qualité. Ce sont, du reste, des faits connus, particulièrement dans les districts bas et humides de la Hollande, que lorsque les moutons usent du sel à discrétion ils n'ont

______

(1) *Question du sel*, page 11, 2ᵐᵉ édition. Nancy, 1845.

jamais le tac ou la clavelée; qu'en Angleterre et en France, dans les contrées marécageuses où l'élevage de l'espèce ovine était naguère impossible par le règne de la cachexie à l'état endémique, on préserve maintenant les bêtes à laine de ce terrible fléau par une distribution régulière de ce précieux condiment. On le préconise encore contre les maladies vermineuses qui affectent surtout les ruminants, contre la ladrerie du porc qu'il prévient, et contre les hydropisies. Les Anglais le recommandent pour prévenir la météorisation occasionnée par la consommation des légumineuses et des crucifères sur pied.

Enfin, d'une série d'expériences faites au haras de Pompadour, de 1816 à 1826, par M. Demoussy, vétérinaire, il résulterait que dans l'usage du sel il aurait trouvé un préservatif contre l'une des affections les plus graves après la morve, chez la race chevaline, la fluxion périodique.

Effets physiologiques attribués au sel. — Dans cet ordre de faits qui nécessitent une observation plus sagace, plus attentive, la pratique a encore devancé la science. Depuis longtemps déjà, on considère le sel comme remplissant, en qualité d'agent tonique et excitant, un rôle important dans les principales fonctions de l'organisme.

Comme tonique, ses effets salutaires sont surtout bien marqués sur les sujets faibles, débiles et lymphatiques. Sous son influence, leur constitution se relève, l'assimilation se fait avec plus d'énergie, et le sang devient plus rouge, plus riche

Comme excitant, il devient un adjuvant remarquable de la digestion des aliments. Il agit sur la bouche, l'estomac et l'intestin : sur la bouche, en éveillant une sensation agréable qui va jusqu'à masquer la saveur fade et quelquefois nauséeuse des aliments, et en provoquant une abon-

dante sécrétion de salive utile à la déglutition des rations
sèches et à la dissolution des principes alibiles amylacés ;
dans l'estomac, sous son influence, le suc gastrique et la
bile, liquides si importants comme moyen préparatoire pour
la digestion des aliments gras et azotés, coulent plus abon-
dants ; dans les intestins, il augmente les contractions de
la membrane musculaire qui pousse en avant le chyme, il
empêche ainsi les stagnations (congestions) dans le tube
digestif et finalement produit l'expulsion des substances
étrangères qui y sont renfermées.

Ainsi, par l'emploi du sel, les sécrétions se suivent plus
régulières et plus abondantes, la digestion se fait plus vite
et d'une manière plus complète, et comme conséquences
successives de ces faits, appétit plus développé, utilisation
plus complète des aliments, engraissement plus prompt et
plus rapide.

« Bien que le sel ne consiste pas à produire de la chair,
mais à neutraliser les conditions défavorables à cette production, qui résultent nécessairement de l'état contre nature
où se trouve l'animal à l'engrais, on ne saurait assez priser
l'utilité du sel dans l'engraissement. » (Liebig.) C'est ce que
l'expérience générale confirme ; aussi, voyons-nous dans
tous les pays de grand élevage pousser l'engraissement de
tous les animaux par le sel. L'addition du sel devient, en
effet, nécessaire dans la ration, car, par le repos prolongé et
une nourriture abondante, les échanges de matières dans
l'organisme seraient trop peu excités, et leur riche alimentation non utilisée en travail produirait un sang épais qui
détermine les inflammations, les congestions, les stagnations
d'humeurs, qui font perdre l'appétit et mettent souvent la
vie en danger.

« Le sel est considéré en Allemagne, rapporte M. Moll,
par suite d'une longue expérience, non-seulement comme

favorisant beaucoup l'engraissement, mais encore comme
améliorant la qualité de la viande, lui, communiquant plus
de saveur et la rendant plus apte à se conserver. » Les bons
effets des prés salés confirment chez nous l'observation des
engraisseurs de la Prusse rhénane.

Mais les effets attribués à l'usage du sel par la pratique
ne s'arrêtent pas là. On a remarqué que, donné aux vaches
laitières, il excite la soif, engage ces femelles à boire et facilite ainsi la sécrétion des mamelles. M. Garriot (*Comptes
rendus de la Société d'agriculture de Lyon*) a prouvé que le
lait des vaches qui reçoivent du sel est plus riche en beurre
et en fromage. En outre, les veaux qu'elles produisent sont
plus vigoureux.

Depuis longtemps, et bien avant M. Boussingault, il était
prouvé que ce condiment a une influence directe sur les
organes de la génération. Il rend le mâle plus ardent et fait
entrer la femelle en chaleur. Comme l'a dit Bernard de Pa-
lissy : *il entretient l'amitié entre le masle et la femelle*

En Angleterre et aux Etats-Unis, on considère l'usage du
sel comme indispensable aux jeunes animaux, et l'expérience
a démontré que sans lui l'élevage du poulain est bien plus
chanceux et moins assuré. En France, dans les grandes
bouveries, on l'emploie aussi pour les veaux comme fortifiant et préservatif des maladies du premier âge.

On a remarqué que le sel fourni habituellement aux chevaux et aux bêtes à cornes leur fournit un poil plus luisant,
plus uni, indice que les fonctions si essentielles de la peau
s'exécutent bien (1); donné au printemps, il facilite la mue

_____

(1) Cette action du sel est facile à interpréter : cette substance est
éliminée en partie par la peau et les reins. la quantité qui traverse la
peau arrive à sa surface. y détruit les parasites animaux et végétaux
qui s'y déposent et s'y développent ordinairement. Le poil. débarrassé
de ces impuretés. reste alors uni et luisant.

du cheval; en Espagne et dans la Grande-Bretagne, on attribue la plus heureuse influence à cette substance sur la qualité et l'abondance de la toison des bêtes ovines.

Enfin, d'après le D' Poueff, de Stuttgard, le sel administré en été occasionne une plus grande absorption d'eau et rafraîchit ainsi les animaux. Par une saison humide, dans les climats froids, avec des fourrages aqueux, le sel favorise la sécrétion des reins, si utile, d'une part à cause de la suppression des fonctions de la peau, d'autre part à cause de l'absorption de grandes quantités de substances aqueuses.

III

DES EFFETS DU SEL DANS L'ALIMENTATION DU BÉTAIL ÉTABLIS PAR LES RECHERCHES EXPÉRIMENTALES

Les avantages que l'on peut tirer de l'emploi du sel dans l'alimentation du bétail semblent parfaitement justifiés par les faits que nous venons d'énoncer dans le précédent paragraphe. Rien ne manque, en effet, à leur consécration, ni l'autorité des savants, ni l'universalité des témoignages des praticiens, tant dans les temps anciens que dans les temps modernes. Une démonstration plus rigoureuse pourrait donc être considérée comme superflue, si la science de nos jours, et c'est là son plus beau titre de gloire, n'exigeait, pour en établir la valeur positive, que la méthode expérimentale et comparative soit rigoureusement appliquée à la vérification de faits empiriquement admis.

C'est donc dans cet ordre si logique d'idées qu'ont été entreprises les expériences pratiques que nous allons faire connaître. Hâtons-nous, toutefois, de prévenir le lecteur que là encore, comme dans l'application du sel à la culture des végétaux, vont se produire des divergences très-profondes entre les résultats obtenus, surtout par les expérimentateurs français (¹).

C'est dans les *Annales agricoles de Roville*, t. II, p. 157, année 1825, que nous trouvons la première expérience. Notre illustre compatriote Mathieu de Dombasle ne l'avait point à vrai dire instituée en vue de constater *spécialement* l'utilité du sel, mais les conséquences qu'il tire de son emploi sont trop importantes pour ne pas être signalées, nous verrons plus loin pourquoi.

100 moutons de la grande race wurtembergeoise, tous à peu près de même taille, reçurent par jour 100 kil. de foin, 50 kil. de tourteaux de lin, 50 kil. d'orge grossièrement moulue et à discrétion des résidus de distillation de pommes de terre, soit 600 à 800 litres. La plus grande partie du foin fut donnée hachée, mêlée avec les tourteaux et la farine d'orge, et le tout humecté d'*eau salée*. L'engraissement avec cette nourriture fut rapide et les animaux purent être livrés à la boucherie au bout de six semaines ou deux mois.

Dans cette expérience, que nous ne reproduisons pas certainement comme un modèle d'application de la méthode scientifique, voici comment le célèbre agronome apprécie la part d'influence du sel dans l'engraissement :

« Le sel contribue puissamment à entretenir la santé de tous les bestiaux ; mais, dans l'engraissement, l'emploi de

(1) En France, la question expérimentale du sel s'est compliquée à diverses époques de la question politique. L'impopularité de l'impôt sur cette matière de consommation si générale est devenue à diverses époques, entre les mains du parti libéral, une arme de combat contre les gouvernements de la Restauration et de Juillet. L'abolition en fut poursuivie à outrance, la lutte fut vive de part et d'autre et se renouvela à plusieurs reprises jusqu'en 1848. Nous constatons le fait sans commentaires.

cette substance est une condition indispensable; lorsque l'animal commence à prendre la graisse, son appétit diminue, et si on ne l'excite pas au moyen du sel, l'animal mange peu, l'engraissement est fort lent et par conséquent fort coûteux....

On peut apprécier par là *la grande importance du sel dans l'engraissement du bétail*, et on peut juger combien il est fâcheux, pour les succès de cette branche si intéressante de l'économie agricole, que le prix de cette denrée soit tel que l'usage en est nécessairement très-restreint. »

Cette opinion si affirmative qui, nous le reconnaissons du reste, n'était basée sur aucunes données certaines, devait subir chez son auteur une atténuation sensible.

Dans une étude remarquable *sur les impôts dans leurs rapports avec la production agricole,* publiée en 1829 (¹), Mathieu de Dombasle s'exprime ainsi sur le sel : « On a considéré sous d'autres points de vue les inconvénients de l'impôt sur le sel relativement à l'agriculture; mais j'avoue qu'il me semble qu'il y a de l'exagération dans les allégations présentées par beaucoup de personnes sur les avantages que l'agriculture pourrait tirer de l'emploi du sel s'il était à bas prix, soit en *l'administrant aux bestiaux,* soit en l'employant comme amendement sur les terres; du moins, *je n'ai jamais remarqué, ni dans ma pratique, ni dans les observations que j'ai été à portée de faire, aucun fait qui puisse* JUSTIFIER LA HAUTE UTILITÉ *que beaucoup de personnes attribuent à l'usage de donner* DU SEL AU BÉTAIL. *J'en excepte néanmoins les opérations relatives à l'engraissement des bestiaux,* dans lesquelles il est évidemment utile d'accroître artificiellement, par une dose de sel, l'appétit qui se soutient diffici-

---

(1) *Annales agricoles de Roville*, t. V, page 51.

lement dans les animaux auxquels on distribue des aliments dans une proportion très-considérable, comme on doit le faire dans ce cas. »

Enfin, en 1830, dans une expérience directe instituée pour déterminer jusqu'à quel point le sel donné aux animaux peut contribuer à l'engraissement, le célèbre directeur de la ferme de Roville arriva à des résultats contraires à ses précédentes conclusions.

Cette expérience, une des premières que nous possédions sur ce sujet, mérite d'être rapportée avec quelques détails, car, empruntant à son auteur une grande autorité, elle devint le champ de bataille sur lequel, à cette époque, les partisans et les adversaires de l'impôt sur le sel se livrèrent les plus furieux combats.

C'est sur des animaux de l'espèce ovine que furent faites les expérimentations.

« Pour cela, deux lots de 8 moutons chacun, d'un poids sensiblement égal, ont été nourris avec la même ration composée de foin, de tourteaux de lin et de pommes de terre crues, et ont été placés, avec tout le soin possible, dans les mêmes circonstances, avec cette seule différence que l'un d'eux recevait une distribution journalière de sel et que l'autre n'en avait pas. La ration alimentaire a été portée aussi haut qu'on a jugé qu'il était possible de le faire sans que les animaux laissassent perdre aucune partie de leurs aliments. Les expériences ont été suivies pendant quatre semaines, en pesant individuellement, chaque semaine, tous les animaux. »

Voici les deux tableaux qui représentent les résultats généraux pour chaque lot A et B.

LOT A *(avec sel)*.

8 moutons pesant au début 246 kil. 125 gr. (1)

SEMAINES	AUGMENTA-TION	CONSOMMATION		
		Foin.	Sel.	Eau.
1re semaine.....	15 k. 500	101 k. 060	90 gr.	53 lit. 38
2e —	7 500	101 060	105	54 43
3e —	9 375	101 060	105	41 25
4e —	8 375	101 060	105	46 22
Totaux.....	40 k. 750	404 k. 240	405 gr.	195 lit. 28

LOT B *(sans sel)*.

8 moutons pesant 247 kil. 375 gr.

SEMAINES	AUGMENTA-TION	CONSOMMATION		
		Foin.	Pas de sel.	Eau.
1re semaine.....	11 k. 875	101 k. 060	»	48 lit. 13
2e —	9	101 060	»	57 68
3e —	10 375	101 060	»	54 62
4e —	7 750	101 060	»	42 87
Totaux.....	39	404 k. 240	»	203 lit. 30

(1) Pour présenter plus clairement à l'esprit les résultats de ces expériences, les rations de diverses natures ont été représentées par la quantité équivalente de foin.

Deux faits sont vivement mis en relief par l'inspection de ces tableaux : 1° l'augmentation de poids du lot salé n'excède que de 1ᵏ75o celle du lot privé de sel; 2° contrairement à l'opinion reçue que le sel excite plus vivement la soif chez les animaux auxquels il est distribué, nous voyons le lot B, sans sel, absorber 8 litres d'eau de plus que le lot A.

Enfin, pour compléter le contraste entre les faits antérieurement admis même par lui et ceux qui ressortent de cette expérience, M. Mathieu de Dombasle ajoute : « Beaucoup de personnes pensent, au reste, que si le sel est utile dans l'engraissement du bétail, c'est en stimulant l'appétit des animaux, et en permettant aussi de leur faire consommer de plus fortes rations de substances alimentaires; mais on n'a rien observé de semblable dans l'expérience dont je viens de rendre compte : on a *remarqué, au contraire, que les animaux composant le lot qui recevait du sel mangeaient ordinairement avec moins d'avidité que ceux de l'autre lot*, et il eût été impossible de leur faire consommer une plus forte ration de fourrage. »

Quant à la différence de poids obtenue en faveur du lot A, 1ᵏ75o, il la regarde comme trop peu importante pour devoir être attribuée exclusivement au sel. « Il est certain que l'on arriverait bien rarement à des résultats plus uniformes que ceux-ci, entre des lots que l'on traiterait entièrement de la même manière. »

Nous n'avons pas besoin de signaler à l'attention du lecteur les évolutions successives qu'a subies, de 1824 à 1830, l'opinion de M. Mathieu de Dombasle sur l'utilité du sel.

Les conclusions de ses dernières expériences, infirmant l'efficacité d'un produit si universellement établi et accepté dans la pratique agricole, ne manquèrent pas de soulever

de vives contradictions ; malheureusement la politique s'en
mêla, et l'on peut dès lors comprendre à quel degré de
passion s'élevèrent les débats. Nous nous abstiendrons de
reproduire ici, même brièvement, la physionomie de ces
discussions si passionnées, où la saine critique n'a point à
aller chercher ses arguments; nous citerons seulement les
objections que produisirent contre ces expériences des
hommes compétents.

« Les expériences consignées dans le tome septième des
Annales de Roville, dit M. J.-H. Magne, directeur de l'Ecole
vétérinaire d'Alfort (1), n'infirment pas le raisonnement
qu'avait fait précédemment l'auteur dans le tome deuxième.
110 grammes de sel donnés par jour à huit moutons, pendant quatre semaines, pouvaient *difficilement produire un
effet sensible dans l'accroissement des animaux;* ce condiment
n'aurait pu agir, en cette circonstance, qu'en facilitant l'assimilation des substances alimentaires : or, *la ration n'était
ni assez abondante,* ni d'assez mauvaise nature pour néces-
siter l'emploi d'un agent aussi puissant. Mais il n'en serait
pas de même pour des bêtes qui recevraient une nourriture
copieuse, fade, relâchante, tendant à affaiblir les organes;
pour des bêtes déjà affaiblies par l'obésité, et par le séjour
dans un lieu obscur, chaud et humide : dans ces circonstances, le sel, agissant comme agent fortifiant, recherché par
les animaux, maintiendrait l'appétit, conserverait aux organes digestifs la tonicité sans laquelle une bonne digestion, condition indispensable de l'engraissement, ne peut
avoir lieu. »

M. Fawtier, agriculteur, l'un des élèves les plus distingués de Mathieu de Dombasle, vint appuyer de son autorité de praticien l'avis émis par le savant professeur d'Alfort.
La conclusion tirée de ces expériences par son maître ne lui

(1) *Principes d'agriculture et d'hygiène vétérinaire.* 2me édition, p. 567.

semble point logique; il est évident pour lui qu'il s'est laissé entraîner par cette fâcheuse disposition de l'esprit humain à espérer toujours obtenir des résultats extraordinaires et à exagérer l'action des principes qui, en réalité, ne peuvent être féconds que dans les limites ordinaires de la production.

« Or, ajoute-t-il, si nous examinons sous le point de vue du possible et de ce que l'on peut raisonnablement espérer en industrie, les résultats obtenus par M. de Dombasle, nous serons bientôt amenés à une conclusion tout opposée à celle qui a été portée par cet esprit si éminent et si calme d'ailleurs.

« Remarquons d'abord que cette augmentation de 1,750 gr. de viande, si minime, considérée isolément, n'est en réalité produite que par la consommation d'une faible dose, 420 gr. de sel, absorbée en 28 jours par 8 moutons. En conséquence, ces animaux n'ont pas 2 gr. de sel par tête et par jour, lorsque nous avons vu que, dans quelques pays, les cultivateurs donnent jusqu'à 12 grammes, surtout dans l'engraissement. On pourrait donc déjà objecter que la faible augmentation obtenue par M. de Dombasle n'est due qu'à la parcimonie avec laquelle les animaux qui ont servi à l'expérience ont été approvisionnés de sel.

« Néanmoins, si l'on envisage ce même résultat sous son véritable point de vue, on ne sera pas étonné de l'avantage pécuniaire relatif qu'il constate dans l'emploi du sel.

« En effet, la véritable question est ici de savoir ce qui réellement a produit cette augmentation, quelque faible qu'elle soit.

« Les deux lots de moutons soumis à une expérience comparative avaient le même poids; leur consommation a été la même. Seulement l'un reçoit 420 gr. de sel, l'autre n'en reçoit point. Le premier augmente de 1,750 grammes

de plus que l'autre. Que doit-on en conclure? Nécessairement que 420 gr. de sel ont produit 1,750 gr. de viande,
c'est-à-dire que 1,000 gr. de sel ont produit 4,166 gr. de
viande. »

En attribuant aux chiffres donnés par M. Fawtier leur
valeur actuelle, on arrive à prouver qu'avec 1,000 gr. de
sel valant 18 centimes on a produit 4,166 gr. de viande
valant au plus bas 5 fr. 80; donc le sel employé à l'engraissement du bétail, dans l'expérience faite à Roville, a produit
un bénéfice de plus de 3,000 pour 100 en moins d'un
mois!... « Que penser après cela de la conclusion de M. de
Dombasle ? »

Douze ans environ devaient s'écouler avant de voir se
produire de nouvelles expériences. Mais à partir de cette
époque, jusqu'en 1847, nous allons les voir se multiplier,
surtout en France et toutes sous l'autorité de noms connus
et estimés dans la science agricole.

Pour que le lecteur puisse embrasser d'un même coup
d'œil les résultats obtenus par les divers expérimentateurs,
nous nous abstiendrons de présenter dans leur ordre rigoureusement chronologique les essais divers et souvent mul-
tiples faits dans cette période. Nous les grouperons par
nom d'auteur.

La première expérience en date, 1842, est due à un Français, M. Amédée Turck, directeur de l'Ecole libre d'agriculture de Sainte-Geneviève, près Nancy. Ce praticien, l'un
des vaillants porte-drapeaux du progrès agricole en Lorraine, en publia plus tard deux autres, exécutées en 1846 et
1847, dans le recueil des travaux de la Société centrale
d'agriculture de la Meurthe (¹). Nous les résumons toutes
les trois dans le tableau suivant :

(¹) *Bon Cultivateur*, année 1857, page 13 et suivantes.

DATE et durée de l'expérience.	NOMBRE d'animaux.	LOT.	RATION PAR TÊTE ET PAR JOUR.				POIDS initial.	POIDS final.	GAIN.	GAIN pour 100.
			Sel.	Bon foin.	Paille de froment.	Betteraves hachées.				
1842. 1 mois.	25 moutons. 5 par lot.	A	0	1 kil.	0 kil. 500	2 k. 500	129 k.	143 k.	14 k.	10 k. 85
		B	3	1	0 500	2 500	131	162 500	31 500	24 01
		C	6	1	0 500	2 500	128	149 500	21 500	16 79
		D	12	1	0 500	2 500	133	151	18	13 53
		E	24	1	0 500	2 500	132	148 500	16 500	12 50
De 1846 8 décembre à 1847 8 janvier 30 jours.	9 moutons 3 par lot.	A	0	1 kil.	0 kil. 500	Résidus de pommes de terre 3 kil.	128 k.	141 k.	13 k.	10 k. 01
		B	5	1	0 500	3	127	148 500	21 500	16 92
		C	10	1	0 500	3	130	153 500	23 500	18 07
1847 du 18 janvier au 14 février 28 jours.	12 moutons. 3 par lot.	A	0	Foin médiocre À discrétion		3 kil.	123 k.	125 k. 300	2 k. 300	1 k. 86
		B	5			3	131	142 200	8 200	6 19
		C	9			3	134	146 550	12 550	9 36
		D	12			3	131	139 400	8 400	6 41

Les trois expériences de M. Turck sont complétement favorables à l'emploi du sel, et si elles ne le sont pas toutes également, l'auteur s'est très-logiquement acquitté du soin d'en exposer les causes. Nous allons analyser succinctement cette partie de son travail.

Disons d'abord que M. Turck a expérimenté toujours sur des Antenois de race anglo-mérinos, qu'il a eu soin de choisir les sujets d'une identité à peu près exacte comme âge et conformation, et de les laisser dans une tranquillité parfaite pendant toute la durée de l'expérience.

Si l'on compare maintenant ces trois expériences entre elles, on voit immédiatement que la première (1842) a fourni les résultats les plus remarquables; dans celle-ci, chose étonnante, c'est à la plus petite dose de sel, 3 grammes par jour et par tête de bétail, que revient la plus grosse part de production de poids vivant; dans la deuxième (1846), c'est à 10 grammes, et dans la troisième (1847), c'est à 9 grammes.

« Cela prouve, dit M. Turck, que la dose de sel qu'il faut accorder au bétail doit être en raison de la nature et de l'état des aliments qu'on veut faire consommer. Pendant la première expérience, on donna des betteraves hachées, qui devaient être moins débilitantes que les résidus fort liquides de la distillerie qui furent donnés dans la deuxième, ce qui explique suffisamment ces résultats contradictoires. »

En poursuivant notre examen comparatif, on remarque encore que les résultats obtenus par l'emploi du sel dans la troisième expérience restent bien au-dessous de ceux fournis par les deux précédentes, bien que le fourrage dans ce dernier cas eût été distribué à discrétion à tous les lots. On devait avec ce nouveau régime s'attendre à un rendement plus considérable, comme l'observe M. Turck;

cependant le contraire eut lieu, et voici l'explication qu'il en donne.

« Pour la première expérience, on ne fit consommer que des fourrages de première qualité; mais, voulant montrer ce que peut le sel lorsqu'on n'a que des fourrages avariés à donner au bétail, on fit distribuer, pendant les cinq premiers jours, du foin de prairies naturelles, de mauvaise qualité sous tous les rapports.

« Le premier lot, qui ne reçut point de sel, laissa complétement la ration de ce fourrage qui lui fut donnée; tandis que les trois autres lots, qui recevaient différentes doses de sel, le mangeaient très-bien, surtout celui qui recevait 9 gr. de sel par tête.

« Cette remarque détermina à continuer l'expérience en faisant donner du foin de trèfle de beaucoup inférieur à celui consommé par les moutons de l'expérience de 1846; mais si, malgré l'abondance de la ration, l'augmentation du poids des animaux ne fut pas aussi élevée après cette expérience qu'après la précédente, cela ne prouve pas moins toujours bien victorieusement la puissance de ce condiment et les énormes avantages que l'agriculture retirerait de son emploi général, soit pour obtenir un produit beaucoup plus élevé en faisant consommer les fourrages de première qualité, soit en salant les fourrages avariés lors de leur rentrée dans les greniers pour les améliorer. »

La question de l'influence du sel sur la croissance de la laine et la santé générale des animaux n'a point échappé à un observateur aussi intelligent que M. Turck. Pour le premier fait, il a constaté comparativement dans ses deux dernières expériences que la laine des lots qui avaient reçu le sel se trouvait toujours beaucoup plus longue et beaucoup plus nerveuse que celle des lots sans sel.

Quant à la santé, il affirme que depuis que le sel a été

distribué à chaque bête, à dose en rapport avec le régime, son troupeau est resté constamment remarquable par sa santé et son embonpoint.

« Le tournis, autrefois assez fréquent dans la bergerie, ne reparut plus; on perdit à peine 2 pour 100 des agneaux nés viables; les avortements furent rares et seulement accidentels. »

En somme, comme on le voit, les expériences de M. Turck réhabilitent sous tous les rapports le sel, dont la bonne réputation avait été si vivement ébranlée par M. de Dombasle; mais, hâtons-nous de le dire, ce pauvre condiment n'est point encore définitivement entré dans la période triomphante et à ce moment-là même se dressent contre lui de puissants détracteurs; nous allons les voir bientôt à l'œuvre.

Citons comme intermède une expérience faite en Allemagne vers cette époque.

Chez les bons Allemands, l'usage du sel pour le bétail est depuis longtemps si répandu, l'efficacité en est si peu contestée, ajoutons à cela que, dans ce pays, les gouvernants ont toujours eu le bon esprit de donner, par l'abaissement de l'impôt, au moins aux animaux, toute satisfaction à leur appétence pour ce condiment, et nous comprendrons comme quoi praticiens et savants se sont abstenus de démontrer expérimentalement l'utilité du sel au point de vue qui nous occupe.

Aussi, dans tous les recueils agronomiques que nous avons consultés, en remontant à une date assez reculée, n'avons-nous trouvé qu'une expérience de Farthmann, relatée dans *Les publications de la Société centrale d'agriculture de Silésie*, 1845.

Nous la reproduisons dans le tableau ci-contre :

30 MOUTONS. 10 par lot.	LOTS.	SEL. par jour et par tête.	GAIN après expérience.	DIFFÉRENCE en faveur du sel.
Ration par jour et par tête : Foin..... 500 gr.	A	0 gr.	65 kil.	
Paille.... 1500	B	8	84	19 kil.
Pommes. de terre. 1500 Fèves de cheval .. 500	C	16	88	23

Cette expérience, toute en faveur du sel, n'est suivie d'aucuns commentaires. L'auteur n'en détermine même pas la durée ; il se contente de dire qu'il a fourragé *pendant longtemps* les 30 sujets soumis à cet essai.

Dans les stations agronomiques, où les recherches expérimentales sur l'alimentation rationnelle du bétail ont été poursuivies, depuis plusieurs années déjà, avec un succès vraiment remarquable, on a étudié l'action du sel marin sur la digestion ; là son influence physiologique, dans cet acte si important de la vie animale, est reconnue telle, qu'on ne manque jamais de le faire figurer dans le tableau des diverses rations proposées comme types pour l'entretien comme pour l'engraissement.

Revenons maintenant à l'exposé des essais faits en France à la même époque que ceux de M. Turck.

En première ligne, nous citerons ceux de M. Boussingault, auquel l'agronomie doit de nombreuses et importantes découvertes. Cet illustre savant chercha, lui aussi, à préciser par une expérience directe l'influence du sel sur l'accroissement du bétail. Il choisit pour cela 6 taureaux ayant à peu près le même âge et le même poids ; il les répartit en deux lots,

I et II, de trois sujets chacun. La ration, composée de foin et de regain, fut calculée à 3 p. o/o du poids vif. Au lot I il donna du sel, tandis que le lot II en fut complétement privé. L'expérience dura du 1er octobre au 13 novembre, en tout 44 jours. En voici les résultats extraits de son mémoire publié dans les *Comptes rendus de l'Académie des sciences*, t. XXIII, p. 949.

| LOTS. | AGE. | POIDS initial. Total. | RATION EN 44 JOURS. | | POIDS FINAL Total. | GAIN. | GAIN pour 100. | EAU DUE en 44 jours. | TEMPS MIS à consommer même ration. |
			Sel.	Foin regain.					
I.	A 8 mois. B 8 — C 7 —	434 kil.	102 g	591 kil.	480 kil.	46 kil.	110 k. 06	1811 lit. 04	3 heures 22 min.
II.	A' 10 — B' 8 1/2 C' 10 1/2	407 kil.	0	569 kil.	452 kil.	45 kil.	111 k. 10	1115 84	3 — 37 —

M. Boussingault tire de ces données les conclusions suivantes :

« 1º On voit par ces pesées que le sel ajouté à la ration du lot I n'a produit aucun effet appréciable sur l'accroissement du poids vivant, puisque sous l'influence d'un régime alimentaire exactement semblable :

100 kil. du lot qui a eu du sel sont devenus...... 110 kil. 6
100 kil. du lot qui n'a pas eu de sel sont devenus. 111

« En d'autres termes :

100 kil. de fourrage salé ont produit.... 7 kil. 8 de poids vivant.
100 kil. de fourrage non salé ont produit. 7   9   —

« 2° Comme on pouvait le prévoir, les animaux qui ont consommé chaque jour 34 gr. de sel ont bu davantage que ceux qui n'en ont point reçu; soit un excédant de 365 lit. 20 pendant la durée de l'expérience.

« 3° Enfin, il ressort de ces données qu'une même ration, consommée en 3 h. 37 m. par le lot II, était mangée en 3 h. 22 m. par le lot salé I; ainsi, le sel aurait développé plus d'appétence, et l'on conçoit dès lors comment cette substance peut agir favorablement dans l'engraissement. »

M. Boussingault constate, en outre, qu'un jour le regain distribué s'étant trouvé de mauvaise qualité, les 60 têtes de bétail renfermées dans l'étable ne mangèrent qu'avec répugnance et, à l'exception du lot I, qui l'absorba très-bien, toutes en laissèrent dans la crèche. « Ce fait, ajoute-t-il, est une nouvelle preuve à ajouter à celles que l'on possède déjà sur l'utile intervention du sel, lorsqu'il s'agit de faire consommer des fourrages avariés. »

En terminant sa communication à l'Académie des sciences, l'illustre chimiste assure ses collègues qu'en présence des questions qui s'agitent en ce moment (¹), il est le premier à

(¹) La question de l'abolition ou de la diminution de l'impôt sur le sel était portée devant les Chambres : dans le pays, dans les sociétés d'agriculture et les comices, on signait des pétitions à ce sujet.

comprendre la gravité du résultat auquel l'a conduit l'observation; aussi n'a-t-il rien négligé pour donner à l'expérience, qui fait l'objet de cette communication, toutes les garanties désirables d'exactitude. Il se propose, du reste, de poursuivre ses recherches et de vérifier en plus, par de nouvelles expériences, si, comme on le prétend généralement, l'usage prolongé du sel exerce une influence favorable sur la santé des animaux.

C'est dans la séance du 22 novembre 1847 qu'il vint rendre compte à l'Institut de ses nouveaux essais et des conclusions auxquelles ils l'avaient conduit.

Revenant d'abord sur ses communications antérieures 23 novembre 1846 et 12 avril 1847, et résumant la série d'expériences qu'il avait poursuivies pendant une période de treize mois, il exposa ce résultat :

LOTS.	POIDS initial.	POIDS final.	GAIN en 13 mois.	FOIN consommé.	POIDS VIF produit par 100 kil. de foin.
Lot I. — *Avec sel*..	434 k.	950 k.	516 k.	7178 k.	7 k. 190
Lot II. — *Sans sel*..	407	855	448	6615	6 772

L'auteur estime que l'excès de viande sur pied, attribuable à l'intervention du sel donné avec ration limitée ou illimitée, était, dans ce cas, trop minime pour en tirer la conséquence que ce condiment exerce une influence quelconque sur le développement du bétail. Cela, du reste, n'a rien qui doive surprendre, en admettant même l'efficacité du sel dans l'alimentation, puisqu'en recherchant, par l'analyse des cendres, ce que renferme naturellement en chlorure de sodium la nourriture consommée dans un jour, on trouve que la ration, formée en moyenne pour chaque tête

de foin et regain..	4 kil 78	contenant.. *sel marin*..	12 gr.
de betteraves.....	3 43	—	—	8
et d'eau..........	40 litres	—	—	4

fournit à chaque animal un contingent de *sel marin* de...   16 gr.

Toutefois, M. Boussingault a pu constater que le sel ajouté à la ration parait avoir exercé une action favorable sur l'aspect et la qualité des animaux.

Ainsi, comparant la physionomie des deux lots dont l'un recevait du sel et l'autre en était complétement privé, il dit : « Jusqu'à la fin de mars les lots ne présentaient pas encore de différence bien marquée dans leur aspect ; ce fut dans le courant d'avril seulement que cette différence commença à devenir manifeste même pour un œil peu exercé. Il y avait alors six mois que le lot II ne recevait plus de sel. Chez les animaux des deux lots, le maniement indiquait bien une peau fine, moelleuse, s'étirant et se détachant des côtes ; mais le poil, terne et rebroussé sur les taureaux II, était luisant et lisse sur les taureaux I.

« A mesure que l'expérience se prolongeait, ces caractères devenaient plus tranchés ; ainsi, au commencement d'octobre, le lot II, après avoir été privé du sel pendant 11 mois, présentait un poil ébouriffé, laissant apercevoir çà et là des places où la peau se trouvait entièrement à nu. Les taureaux du lot I conservaient au contraire l'aspect des animaux de l'étable (¹) ; leur vivacité et les fréquents besoins de saillir qu'ils manifestaient contrastaient avec l'allure lente et la

____

(1) A sa ferme de Bechelbronn M. Boussingault fait toujours faire une distribution journalière de sel dans ses étables.

froideur de tempérament qu'on remarquait chez le lot II. Nul doute que sur le marché on n'eût obtenu un prix plus avantageux des taureaux élevés sous l'influence du sel. »

Ces travaux de M. Boussingault, dont on s'est bien souvent servi, sans en avoir connaissance d'une manière assez complète, pour combattre l'utilité du sel dans l'économie agricole, établissent, en somme, expérimentalement certaines propriétés du sel depuis longtemps déjà empiriquement admises.

1º D'exciter la soif chez les animaux : fait qui a pour conséquence de produire, dit-on, chez les femelles une plus grande abondance de lait.

2º De développer une appétence plus grande pour les aliments surtout chez les animaux soumis à la stabulation, condition essentielle pour arriver rapidement à un bon engraissement.

3º De procurer par son addition aux fourrages médiocres ou avariés une meilleure utilisation des aliments.

4º Enfin, d'exercer une influence favorable sur la santé des animaux, se manifestant dans l'espèce bovine par le luisant du poil (et probablement dans l'espèce ovine par la croissance plus hâtive de la laine), chez les mâles par une excitation plus fréquente des organes sexuels ; chez tous par une animation plus vive dans les allures et les mouvements.

La question capitale, celle de l'efficacité du sel sur l'augmentation de poids vif des animaux fut seule résolue négativement. Aussi cette conclusion, que le célèbre agronome tira dès sa première expérience, donna-t-elle lieu à des observations critiques nombreuses. Nous nous contenterons d'en citer une seule; d'abord parce qu'elle les résume toutes, puis parce qu'elle emprunte au nom de son auteur une autorité incontestable.

Après la lecture du Mémoire de M. Boussingault devant l'Académie des sciences, M. Thénard fit observer que, pour obtenir un résultat réellement concluant, il n'eût pas fallu que M. Boussingault limitât la ration des taureaux, mais qu'au contraire il entretînt les râteliers toujours garnis, afin qu'on pût savoir si l'un des lots aurait alors réellement mangé plus que l'autre et s'il aurait gagné un poids proportionnel à l'excès d'aliments absorbés (¹). Toutefois, il est à remarquer encore qu'il eût bien pu arriver que cette expérience ainsi entreprise conduisît à un résultat négatif. L'opinion, ou, si l'on veut, le préjugé des agriculteurs consistant à dire, non pas que le sel aide à la croissance du bétail, mais bien que le sel aide à l'engraissement du bétail. Le choix des jeunes animaux pour l'expérimentation était par conséquent mauvais ; il eût fallu recourir à des bêtes adultes et faire réellement une expérience d'engraissement.

Pour nous qui avons relu les mémoires originaux de M. Boussingault et en avons exposé plus haut les conclusions telles qu'elles ressortent d'une étude attentive, nous jugeons que les expériences faites à la ferme de Bechelbronn parlent hautement en faveur de l'emploi du sel à tous les points de vue.

Que le savant expérimentateur, avec des sujets en pleine période de croissance n'ait pas tiré du sel des résultats plus tranchés (encore faut-il constater que l'avantage, quoique minime, est du côté du sel) cela pouvait se prévoir ; car on sait que chez les animaux qui n'ont pas acquis tout leur développement, la puissance d'assimilation est trop énergique pour que le sel puisse produire de grands effets ; et qu'alors la plus grande partie des aliments est employée à l'accroissement des os, du poumon, de la rate plutôt qu'au dévelop-

(¹) M. Boussingault, dans ses essais ultérieurs, fournit aux animaux la ration à discrétion, mais conserva comme sujets d'expérimentation toujours de jeunes bêtes.

pement des muscles et surtout à l'augmentation de la graisse. Nous croyons donc que M. Boussingault ne pouvait tirer de ses expériences la conséquence que *le sel ajouté à la ration n'exerce* aucune influence *sur le développement* DU BÉTAIL, mais qu'il eût été dans le vrai et que sa conclusion devenait indiscutable, s'il eût spécifié que c'était *sur l'accroissement du* JEUNE BÉTAIL.

Entre les recherches de M. Boussingault que nous venons d'exposer et celles de M. le baron Daurier dont nous allons rendre compte, nous citerons pour mémoire seulement une expérience de M. Dailly, publiée dans le tome XXIV, p. 648, des *Comptes rendus des séances de l'Académie des sciences.*

M. Dailly a pris pour sujets 20 moutons qu'il a divisés en deux lots égaux. L'expérience a duré trois mois et chaque mois ont eu lieu les pesées. Pendant tout ce temps les animaux ont été fourragés à discrétion avec foin avarié, balles de blé, regain et résidu de distillation de pommes de terre. Voici les chiffres fournis par cet essai :

LOTS.	SEL par tête et par jour.	SEL par lot en 3 mois.	GAIN en 3 mois.	DIFFÉRENCE	GAIN pour 100 kil. du poids vif.
I.	24 gr.	24 k. 840	84 k. 500	8 k. 500	53.33
II.	0	0	76 000		52.10

L'auteur ne tire de ces résultats aucune conclusion définitive ; il les donne comme simples renseignements, et estime qu'avant de se faire une opinion formelle sur la valeur du sel dans l'engraissement il est indispensable de multiplier les expériences et de les exécuter dans des circonstances très-variées.

Nous nous rangeons complétement à un avis si sage en faisant remarquer cependant que dans les deux lots l'avantage, bien que peu considérable, appartient encore à celui qui a reçu le sel.

Nous terminerons ce paragraphe de notre travail par l'analyse des *expériences comparatives sur l'action du sel ordinaire employé dans l'engraissement des animaux*, publiées en 1847 par M. le baron A. Daurier, membre de la Société centrale d'agriculture de la Meurthe, propriétaire-fermier à Varincourt, près Nancy, puis directeur de la bergerie impériale de Rambouillet, où il est mort dans un âge assez avancé quelque temps avant la guerre.

M. A. Daurier, nous devons le constater, a entouré ses recherches des précautions les plus minutieuses. Pour éloigner toutes les préoccupations que les travaux ordinaires de son exploitation auraient pu lui susciter, il a transporté ses expériences à la ville. Il a apporté le plus grand soin dans le choix des sujets : ils étaient des métis-mérinos de race allemande, de même âge, de même taille et de même poids autant que possible. Il a pris de préférence des animaux mâles adultes (3 ans) qui, n'ayant plus à grandir, devaient seulement produire de la chair et de la graisse. Rations, sel, eau, tout a été minutieusement pesé. Le poids des animaux a été séparément et régulièrement pris chaque semaine ; enfin la plus grande exactitude a été apportée dans les heures de distribution des repas (1).

Pendant toute la durée des expériences, l'auteur n'a laissé à d'autre qu'à lui-même le soin de les suivre. Les ob-

---

(1) Les rations étaient composées de foin, tourteaux de colza, pommes de terre, avoines, farine d'orge et féveroles, à l'exception des lots E et E' qui, au lieu de bon foin, recevaient du foin de mauvaise qualité.

servations qu'il a relevées jour par jour ont été consignées dans 61 tableaux. Tout ce travail ne renfermant pas moins de 94 pages, grand in-4°, on comprend facilement pourquoi nous ne pouvons en donner qu'un extrait.

Voici comment M. Daurier a institué ses essais. Il a pris 32 moutons (¹), les a divisés en 6 lots de 4 bêtes chaque et en 4 lots de 2 bêtes. 16 moutons ont reçu du sel, les 16 autres en ont été privés. Les 2 tableaux suivants résument tous les résultats obtenus après une période de 28 jours.

Tableau n° 1.

LOTS sans sel.	NOMBRE d'animaux.	NOURRITURE convertie en foin pendant 28 jours.	EAU BUE.	POIDS initial.	POIDS final.	AUGMENTATION sur le poids vif.
A	4	204 k. 862	159 l. 8	186 k. 100	196 k. 200	10 k. 100
B	4	210 510	182 4	185 900	193 400	7 500
C	4	203 555	173 4	185 300	192 100	6 800
D	2	91 101	80 »	80 900	84 200	3 300
E	2	92 097	58 9	83 100	87 »	3 300
Totaux	16	862 k. 105	654 l. 5	721 k. 300	752 k. 900	31 k. 600

(1) Nous ne parlons pas du trente-troisième mouton destiné au dosage du chlorure de sodium dans l'urine, pas plus que du même genre de recherches appliqué aux autres moutons salés et non salés. Toute cette partie du travail de l'auteur, bien que mise sous les auspices du grand nom de Braconnot, contient des données qui, à l'heure actuelle, peuvent être considérées comme de véritables hérésies physiologiques.

Tableau n° 2.

LOTS avec sel.	NOMBRE d'animaux.	SEL par tête et par jour.	SEL par lots pendant 28 jours.	NOURRITURE convertie en foin pendant 28 jours.	EAU bue pendant 28 jours.	POIDS initial.	POIDS final.	AUGMENTATION sur le poids vif.
A'	4	2 gram.	224 g.	206 k. 118	174 lit. 8	185 k. 700	195 k. 300	9 k. 600
B'	4	10 —	1 k. 176	208 549	162 9	186 400	196 200	9 800
C'	4	à volonté.	706	206 152	169 9	186 »	190 300	4 . 300
D'	2	à volonté.	725	97 531	100 6	82 800	87 »	4 200
E'	2	à volonté.	298	90 249	71 3	83 »	84 300	1 300
Totaux...	16		3 k. 129 g.	808 k. 599	679 lit. 5	723 900	753 k. 100	29 k. 200

En étudiant ces tableaux, on voit d'abord que les 16 moutons soumis au régime du sel ont consommé de ce condiment environ 112 grammes par jour soit 7 grammes par tête. Puis en se livrant à un examen comparé des résultats qui y sont consignés, on arrive à constater que l'excédant de nourriture consommée et d'eau bue pendant les 28 jours se trouve dans l'ensemble en faveur des lots salés. M. Daurier n'attribue aucune importance à ce fait, « car, dit-il, un faible excédant de consommation de 6 kil. 464 gr. d'aliments et de 25 litres d'eau par 16 moutons en 28 jours, ou 406 gr. des uns et 1 litre 60 centilitres de l'autre par mouton pendant 28 jours, soit 15 gr. d'aliment et 57 gr. d'eau par jour, ne saurait constituer, à mes yeux, un avantage réel au sel, d'autant plus que j'ai trouvé des différences à peu près semblables dans les quantités d'aliments et d'eau consommées par des lots placés dans les mêmes conditions et dont aucun n'avait reçu de sel. »

En poursuivant cette étude des résultats, on voit encore que l'augmentation sur le poids vif se trouve en faveur des cinq lots sans sel; elle égale 2 kil. 400 gr. Toutefois, en comparant les poids des quatre quartiers, du suif, des fressures, des issues (¹), des peaux et laines des animaux des lots salés et non salés,

On trouve en faveur des 5 lots sans sel l'augmentation suivante :

```
Peaux.....................    1 kil. 500
Quatre quartiers..........        100
Issues....................    1     050
                              ----------
                              3 kil. 450
```

____

(¹) Sous le nom d'issues se trouvent compris la tête, les pattes, la panse, les intestins dégraissés, le sang, les excréments, etc.

En faveur des 5 lots avec sel l'augmentation suivante :

```
Suif..................... 2 kil. 810
Fressure.................     860
                         ___________
                         3 kil. 670
```

Différence après quatre semaines, entre les poids des 5 lots, sans sel et avec sel, ci, en faveur des 5 lots avec sel....... 200 gr.

« Il est à observer, dit M. Daurier, que, bien que cette différence qui s'applique à 16 animaux soit insignifiante, cependant les matières qui forment le poids en plus, exprimé par le chiffre 3 kil. 670 gr., sont plus uti les à l'homme qu'une partie de celles qui composent le chiffre 3 kil. 470. Mais il n'est pas probable que cette augmentation soit due aux 3 kil. 129 gr. de sel ; car, pour que cette substance eût agi, il faudrait que l'augmentation se fût montrée constante chez les animaux qui en ont reçu et ne se fût pas montrée tantôt du côté du lot salé, tantôt du côté du lot sans sel, ainsi que l'a constaté l'observation.

« Si des poids réunis, comprenant les quatre quartiers, le suif et la fressure, on soustrait le poids du suif des intestins, comme n'étant pas employé à l'alimentation de l'homme, on trouve les résultats suivants :

	avec sel.	sans sel.
« Viande (quatre quartiers) provenant des 5 lots..............	359 kil. 900	370 kil.
« Fressure provenant des 5 lots.,	33 525	32 765
	393 kil. 525	402 kil.

« Différence en matière alimentaire *en faveur du sel*,   760 gr. »

Pour ne laisser aucune question hors d'étude, M. Daurier a voulu aussi apprécier quelle pourrait être l'influence du régime du sel sur la qualité et la longueur de la laine. Aidé des connaissances spéciales d'un fabricant de draps de Nancy, M. Lenormand, il a acquis la conviction que, contrairement aux allégations des écrivains belges, anglais et allemands, le sel ne rend la laine ni plus longue, ni plus soyeuse ; que ces qualités se sont présentées indistinctement dans les mèches de tous les lots soumises à l'examen.

En résumé, M. Daurier conclut que le sel n'excite chez les animaux ni la soif, ni l'appétit ; que son emploi pour faire accepter par le bétail des fourrages médiocres, ce qui ne lui est pas démontré, serait plutôt nuisible qu'utile ; que la beauté du bétail, pas plus que son état de bonne santé, ne sont liés en rien à l'action du sel ; enfin, que la disposition à un engraissement prompt et à un développement musculaire rapide, chez les animaux de ferme, n'est nullement favorisée par l'emploi de cette substance. En somme, tout ce que l'on croit relativement aux qualités du sel, dans l'ancien et le nouveau monde, n'est pour l'ex-directeur de la bergerie impériale de Rambouillet qu'illusions et préjugés.

Des conclusions aussi radicales, si elles étaient définitivement acceptées, ne sauraient certainement justifier à aucun point de vue l'emploi général du sel ; aussi, croyons-nous devoir présenter, sur les expériences d'où elles découlent, quelques courtes observations qui peut-être en atténueront le caractère par trop absolu.

Nous nous proposons d'examiner d'abord si l'expérimentateur s'est trouvé placé comme local dans des conditions favorables à ses essais.

Il est incontestablement établi, et le fait est aujourd'hui mis en pratique par tous les engraisseurs de profession, que les étables destinées à loger les bêtes à l'engrais doivent être, autant que possible, situées dans un lieu isolé, où les animaux ne puissent être distraits par les bruits extérieurs. Elles seront modérément aérées, chaudes et un peu humides,

Voilà les préceptes de la science et de la pratique. M. Daurier s'y est-il conformé?

Les sujets sont conduits de la campagne dans une ville de 40,000 à 50,000 âmes, où le tumulte de la rue et le roulement des voitures est d'autant plus incommode pour le repos qu'il est irrégulier et intermittent. Or, les animaux à l'engrais, qui par cela même sont dans un état presque maladif et d'une irritabilité nerveuse qu'excitent tous les bruits insolites, se trouvent-ils là dans les conditions de calme exigées pour une expérience aussi délicate? Nous ne le croyons pas. Passons néanmoins sur ce premier point.

Un second point est celui de la température. M. Daurier nous donne un tableau météorologique relatant bien les vents régnants et l'état du ciel pendant les 28 jours qu'a duré l'expérimentation; mais des degrés thermométriques, pas un mot. Or, en consultant l'annuaire de météorologie du Dr Simonin, pour Nancy, nous avons trouvé que la température moyenne du mois de décembre 1846 avait été de 8 degrés au-dessous de zéro, et celle de janvier 1847, de 12 degrés au-dessous de zéro. Aussi, ne nous étonnons-nous pas de lire, page 92 du mémoire de M. Daurier : « La température de la bergerie a été par les temps de gelée de 2 à 3 degrés R. au-dessus de zéro, et de 5 à 7 par le temps de dégel. »

Ce n'est vraiment pas là cette température chaude et humide prescrite pour l'engraissement; aussi, ces animaux, soumis à une stabulation permanente, parqués dans des compartiments où l'exercice était impossible, devaient-ils ressentir fâcheusement les effets de cette basse température au double point de vue de l'utilisation des aliments et de la santé; c'est ce que nous nous voulons démontrer en peu de mots.

Il est un fait acquis à la pratique, c'est que la température du lieu où les animaux séjournent et celle des aliments qui leur sont distribués ont une influence directe sur la marche de l'engraissement : cela est facile à concevoir si l'on réfléchit qu'une partie des aliments est employée à produire la chaleur nécessaire au jeu de l'organisme et à élever la totalité de la ration absorbée à la température du corps animal, 38°, et que cette partie, dépensée alors en carbone au lieu de se déposer dans les organes sous forme de graisse, sera d'autant plus grande que la ration administrée sera plus froide et le corps de l'animal exposée à une température plus basse. D'après ces données, on peut se rendre compte de certaines anomalies signalées par M. Daurier, mais surtout de ce fait capital que les 32 moutons, malgré un régime substantiel, ont éprouvé sur l'ensemble une perte de poids de 8 kil. 700 gr. dans la première semaine, que l'augmentation survenue dans la deuxième et troisième semaine ne s'est point maintenue pendant la quatrième et dernière, qu'alors la moitié des bêtes a, au contraire, subi une nouvelle diminution qui a fait arrêter à ce terme l'expérience.

Il est évident que, dans ces circonstances de nourriture et de température à 2 ou 3 degrés au-dessous de zéro, le sel ne pouvait profiter aux animaux qui en étaient pourvus, car le sel même leur procurait un rafraîchissement dont ils n'avaient que faire. Une preuve du reste que les animaux étaient placés dans des conditions hygiéniques détestables, c'est que, vers la fin des essais, on a pu constater à l'abattage que sept d'entre eux se sont trouvés *piqués*, c'est-à-dire atteints d'un commencement de cachexie aqueuse, maladie dont l'une des causes principales est l'humidité associée au froid. Pour nous, les circonstances de lieu et de température dans lesquelles s'est placé M. Daurier sont les causes premières et évidentes qui ont produit tous les résultats obtenus ; c'est donc avec une conviction sincère et raisonnée que nous rejetons les conclusions de son travail.

En résumé, avec MM. Boussingault, Turck, Farthmann, Dailly, nous admettons : 1° que si le sel ne concourt pas directement à la formation de la cellule musculaire et de la graisse, il en rend le développement plus rapide par la masse d'éléments nutritifs qu'il introduit dans l'organisme, en excitant l'appétit et en forçant la consommation ; 2° que si sur les bêtes en voie de croissance ses effets sont peu sensibles, ils le deviennent bien plus sur les adultes et surtout sur les bêtes âgées chez lesquelles il provoque des échanges trop peu excités ; 3° qu'il provoque la soif et par suite une absorption de liquides toujours utiles aux animaux, tant pour la préparation mécanique des aliments que pour le rafraîchissement qu'ils leur procurent lorsqu'ils travaillent sous les rayons ardents du soleil ; 4° enfin que son influence sur leur santé est manifeste, puisqu'il leur communique des allures plus vives, des besoins de rapprochements sexuels plus fréquents, un poil plus lisse, plus luisant, signes certains d'un fonctionnement régulier et actif des organes de la circulation, de la digestion et de la sécrétion.

IV

EMPLOI RATIONNEL DU SEL DANS LA PRATIQUE

DIVERS MODES D'EMPLOI. DOSES. — L'utilité du sel dans l'alimentation du bétail ressort évidente et incontestable des faits exposés jusqu'ici dans cette étude ; et à moins de supposer que les animaux puissent créer de toutes pièces le chlorure de sodium si répandu dans l'organisme, ce qui serait actuellement une erreur capitale, il faut bien admettre que, pour satisfaire à ce besoin si absolu, il est de toute nécessité qu'ils en reçoivent sous une forme ou sous une autre. Le tout est donc pour la pratique de savoir quand, comment et en quelle quantité il faut le leur administrer. La question de l'usage rationnel du sel devient, comme on le voit, très-complexe ; elle reste subordonnée à des conditions variées et nombreuses dont nous allons énumérer les principales.

1° TEMPÉRATURE. — *Climats et saisons.* — Cette question de l'emploi du sel suivant les divers climats et les saisons n'a point encore été l'objet d'une étude distincte; les faits seuls tirés de l'instinct des animaux et des propriétés excitantes et toniques bien connues du sel vont nous fournir quelques données utiles pour la pratique.

Dans les *climats froids*, les animaux soumis à une stabulation permanente, à un régime sec et le plus souvent uniforme, réclament le sel comme excitant l'appétit et favorisant l'expulsion par les reins des liquides qui ne peuvent s'exhaler par la peau.

Dans les *climats chauds*, où la température rend les urines rares, ralentit les sécrétions intérieures, diminue les facultés digestives, entrave l'assimilation et débilite en un mot tout l'organisme, l'usage du sel est indiqué comme tonique pour relever la constitution. Aussi, d'après MM. Warden et Roulin, voit-on les troupeaux de la Colombie et du Brésil diminuer très-rapidement, quand on ne leur fournit point de sel ou du sable salé.

Dans les *climats tempérés*, son utilité est moins immédiate; ici les animaux soumis à une température plus modérée jouissent naturellement d'une bonne santé. La nourriture variée par la multiplicité des espèces fourragères entretient l'appétit ; de là régularité dans les fonctions digestives, assimilation prompte, distribution d'un sang riche et stimulant. Aussi, à moins de buts déterminés à atteindre, tels que l'engraissement ou une somme de travail plus forte; à moins d'influences pernicieuses à combattre, tels que le séjour prolongé dans une atmosphère humide, dans les lieux bas et marécageux, l'emploi du sel n'est point indispensable. Sous un climat maritime, il est parfaitement inutile, car, abstraction faite des grandes proportions de sel contenues dans les plantes, les animaux en absorbent par les voies respiratoires des quantités suffisantes à leur organisme.

Les *saisons* par leur diversité de température agissent évidemment, dans des bornes plus restreintes, il est vrai, comme les climats. Aussi devons-nous trouver des analogies très-grandes dans l'emploi du sel entre les divers climats et les saisons qui temporairement leur correspondent dans nos pays.

Au *printemps*, les animaux sortent de l'étable. A la nourriture sèche de l'hiver succède le pâturage de l'herbe tendre ; l'exercice au grand air joint au nouveau régime leur donne de la gaîté et de l'embonpoint. Dans ces conditions, il serait superflu de leur deur donner du sel, si quelquefois il n'était nécessaire de réagir contre les influences d'une température très-variable et d'un changement brusque de régime, les premières ayant pour conséquence l'éclosion des affections catarrhales, pulmonaires et rhumatismales, les secondes déterminant d'abord la diarrhée, ensuite la pléthore et des congestions de la rate, du foie et du poumon. Toutefois, dans ces derniers accidents bien constatés, ne faudra-t-il user du sel qu'avec circonspection.

C'est surtout en *été* que le sel est nécessaire pour réveiller l'appétit et rafraichir les animaux employés à un travail pénible sous les rayons ardents du soleil. Dans le premier cas, il s'emploie comme tonique, dans le second, il agit d'une part en provoquant une plus grande absorption d'eau, de l'autre en empruntant au corps de l'animal une quantité de chaleur nécessaire pour sa transformation de l'état solide à l'état liquide.

Si l'*automne* comme action par sa température se rapproche du printemps, il s'en éloigne beaucoup par certains côtés essentiels : il n'a point d'abord comme ce dernier le privilége de fournir des aliments tendres. L'herbe étant alors desséchée et peu abondante dans les terres pâturées, les animaux sont réduits à brouter les feuilles et les jeunes branches des plantes ligneuses. Soumis à ce régime de végétaux durs et échauffants, ils sont sujets à des indigestions et des inflammations d'estomac. Puis, comme le printemps, il a son cortége de causes morbifiques plus graves peut-être. La terre, encore échauffée par les chaleurs de l'été, dégage aux moindres pluies les produits gazeux de la fermentation végétale auxquelles viennent se mêler les effluves miasmatiques provenant des mares et des fossés presque desséchés : alors naissent ces maladies du caractère le plus grave, les péripneumonies malignes, les fièvres muqueuses, adynamiques et les dyssenteries. On comprend alors de quel précieux secours, dans ces cas, doit être l'administration du sel employé comme correctif et préservatif.

Enfin, quant à l'emploi de ce condiment en hiver dont on doit moins user en cette saison qu'en été, nous n'avons pas à fournir d'indications pratiques, plus précises que celles relatées à l'alinéa *climats froids*.

2° NATURE DES ANIMAUX. — *Espèces.* — Le besoin de sel se rattache principalement à la nature constitutive des aliments ; la nourriture animale contenant de cette substance plus que la végétale, on peut d'abord affirmer qu'elle est moins utile aux carnassiers qu'aux herbivores, aussi tous les animaux de cette dernière classe la recherchent-ils avec avidité.

Cette appétence des herbivores pour ce condiment n'est point l'effet d'un caprice, d'un goût particulier ; elle est généralement l'expression d'un besoin, et pour nous en convaincre, nous n'avons qu'à jeter un regard sur le tableau II du paragraphe I de ce travail (¹), exprimant la richesse en chlorure de sodium du sang de divers animaux domestiques ; là nous verrons le degré d'appétence et par suite l'utilité du sel concorder à peu près avec la progession du chiffre fourni par l'analyse chimique.

Parmi les animaux de ferme, le cheval vient le premier confirmer ce renseignement. Il est, en effet, de tous, celui qui, proportionnellement au poids, a le moins besoin de sel. Aussi, la pratique le réserve-t-elle seulement aux chevaux surmenés par le travail ou à ceux de luxe ; encore la ration qu'elle leur distribue est-elle réduite au tiers ou à la moitié de celle administrée aux bêtes à corne , car, chez cet animal, l'exercice et une nourriture plus substantielle assurent seuls le fonctionnement régulier des deux actes les plus importants de la vie : la digestion et la circulation.

Chez les ruminants, il n'en n'est point ainsi. L'administration permanente et en quantité plus considérable du sel a sa raison d'être : d'abord pour donner satisfaction aux besoins plus marqués de l'organisme, puis surtout pour combattre comme stimulant, les prédispositions à l'atonie des voies digestives soumises par leur complication anatomique même à un travail plus considérable dans l'élabora-

<hr>

(¹) Extrait du tableau II. Cheval (chlorure de sodium) : 57,98; bœuf, 61,65; mouton, 61,87; chèvre, 65,16; porc, 62,26.

tion des matières alimentaires. Sans ce condiment, ces animaux, soumis à une stabulation fréquente, à un exercice peu actif et à un régime, la plupart du temps, médiocre, éprouvent souvent des embarras gastriques, qui se traduisent par des indigestions et le météorisme. Les ruminants, bœufs et moutons, ont donc, plus que le cheval, besoin de sel.

Le mouton surtout est celui de tous nos animaux domestiques qui semble l'exiger le plus abondamment pour atteindre le plus haut degré de santé et de développement. Chez lui, l'absence de tout travail, de pansement, et un tempérament essentiellement lymphatique en nécessitent l'emploi. Par le sel, il est débarrassé des parasites intestinaux et cutanés qui l'assiégent et préservé de l'action délétère des brouillards persistants et des miasmes auxquels il est si sensible.

Le sel est encore très-utile dans l'élevage du porc. En Irlande, on lui en distribue une ration journalière, et nos éleveurs intelligents de l'Est ne manquent jamais de l'employer vers la fin de l'engraissement, quand l'animal cesse de prendre la nourriture avec son avidité ordinaire. S'il est peu employé pour la chèvre, qui en est excessivement friande, c'est qu'en France on n'engraisse point ce bétail, sa viande n'ayant que très-peu de valeur dans la boucherie.

3° CONSTITUTION DES ANIMAUX. — *Âge*. — En dehors de ces considérations d'*espèces*, il en existe d'autres, qui ont aussi leur importance : ce sont celles d'âge, puis de tempérament. Les animaux adultes, qui ont acquis tout leur développement et que l'on veut seulement entretenir sans en tirer parti par l'engraissement, n'exigent point de grandes quantités de sel ; toutefois, encore ont-il besoin d'en recevoir pour remplacer celui qu'ils perdent par les urines, par le mucus intestinal et par la peau. Une addition plus forte de cette substance, au contraire, est toujours indiquée dans l'alimentation des vieux et des jeunes sujets, chez les premiers, pour stimuler les forces digestives et favoriser les échanges de matières diminués par l'âge, chez les seconds pour provoquer la formation des cellules et de la substance cartilagineuse et hâter ainsi le développement du tissu musculaire et de la charpente osseuse. « Bien peu de personnes, dit Moleschott, peuvent se faire une idée des modifications profondes qu'on peut imprimer à la constitution du corps du jeune animal en lui fournissant tout simplement du sel de cuisine. »

Tempérament. — Le sel est toujours utile au bétail dans l'état de santé et de régime ordinaires, mais il lui devient indispensable ou nuisible selon le tempérament dont il est doté ; encore faut-il que celui-ci soit franchement accusé pour que l'indication soit nette. Les bons effets du sel administré avec une nourriture saine et substantielle sont incontestables sur les sujets faibles, débiles et lymphatiques. On doit user, au contraire, de ce condiment avec précaution et mesure quand il s'agit de l'employer pour des animaux naturellement vifs, irritables et chez lesquels se manifeste une grande énergie de vitalité ; car, dans ces conditions, associé surtout à un régime trop excitant et copieux, il les dispose à contracter des coups de sang, des inflammations. Il faut enfin le retrancher complétement de la ration dans le cas de pléthore générale (surabondance de sang), de congestion d'un organe important, d'irritation de l'estomac ou d'une portion de l'intestin, d'inflammation aiguë du foie, de la vessie ou de la rate. « Dans tous les cas, il faut bien observer l'état des organes digestifs : si l'animal cesse de manger insensiblement, s'il prend peu de nourriture, et en la choisissant, s'il tire le foin sans le manger, quoiqu'il ait le flanc creux, mais tout en continuant à bien ruminer et en conservant l'œil vif, le poil brillant, il est dégoûté et on peut, pour l'engager à manger, lui donner cet excitant. Mais s'il cesse subitement de manger, s'il ne regarde pas sa nourriture, s'il a l'air triste et la tête basse, s'il est malade enfin, il faut le mettre à un régime adoucissant sans sel : si l'animal qui refuse les aliments a le ventre gros, ballonné, s'il pousse des plaintes, il a une indigestion ; on doit lui supprimer toute nourriture et lui donner ou des breuvages excitants et salés ou mieux une pierre à lécher(1).»

NATURE DES ALIMENTS. — *État physique.* — Il est encore indispensable, dans l'emploi du sel, surtout relativement à la quantité, de faire entrer en ligne de compte la nature tonique ou débilitante des aliments auxquels on veut l'associer. Avec une ration aqueuse et relâchante, ou grossière et insipide, le sel doit être employé en proportion plus forte qu'avec des fourrages secs de bonne qualité et des grains. Il sert, dans le premier cas, à rendre la nourriture plus sapide, plus agréable et, par suite, plus profitable ; dans le second, il ne fait que hâter la digestion. Il est à noter aussi que lorsque les bêtes n'ont que du vert à manger, la dose de sel doit être plus grande.

Composition chimique. — Dans les recherches positives, mais surtout dans la pratique, on a le plus souvent, pour ne pas dire toujours, négligé de tenir compte de la proportion de chlorure de sodium contenue naturellement dans les rations. De là, contradictions dans les résultats obtenus par divers expérimentateurs, de là, graves mécomptes dans la pratique.

La connaissance préalable de la teneur en sel des fourrages est d'autant plus indispensable que cette teneur varie, non-seulement dans les diverses espèces fourragères, mais encore dans les mêmes, selon la nature géologique et le mode de fumure des sols où elles croissent.

(1) M. Magne. Hygiène vétérinaire. *Races bovines*, p. 372.

Comme confirmation de ces faits, nous n'avons qu'à renvoyer le lecteur au tableau d'analyses des divers fourrages dressé par Lehmann et publié page 3, première partie de ce travail, puis à citer les résultats obtenus pour le foin de prairie, par le même chimiste, MM. Boussingault et Payen.

1 kilog. contient :

	Chlorure de sodium.	Auteurs.
1° Foin des terrains salés du Midi.........	26 gr. 3	Payen.
2° Foin des environs de Munich (Bavière).	4 2	Lehmann.
3° De Durrenbach (Alsace)...............	2 5	Boussingault.

Ce n'est donc que par la connaissance exacte des données fournies par l'analyse des fourrages qu'on peut se faire une idée de la quantité complémentaire de principe salin qu'il faut faire entrer dans la ration ; car, en prenant l'exemple de trois vaches, consommant chacune par jour 18 kil. de l'un de ces trois foins, la première recevra comme ration naturelle de sel 473 grammes, la deuxième 75 grammes et la troisième 45 grammes.

En estimant à 211 grammes la dose maximum, calculée d'après le poids vif moyen des animaux, on voit nettement que, si l'on peut donner un supplément de sel de 136 gr. à la deuxième vache et de 166 gr. à la troisième, pour parfaire la dose normale, il serait non-seulement dangereux d'en fournir à la première, qui en reçoit un excédant de 262, mais encore qu'il est indispensable d'en atténuer la dose, en mêlant à ce foin trop salé un fourrage qui l'est beaucoup moins. Enfin, l'on comprend maintenant comment, dans une expérience comparative, faite sur deux lots d'animaux alimentés par un fourrage semblable, l'un recevant du sel et l'autre point, on arrive à ce résultat, comme produit, que le premier lot reste inférieur, ou tout au plus égal au second, suivant la quantité de substance saline employée, et que de là bien des observateurs, non éclairés sur ces faits, aient pu tirer de très-bonne foi la conclusion erronée que le sel est nuisible ou tout au moins inutile dans l'alimentation du bétail.

Comme indications générales pour la pratique, on peut dire, relativement aux aliments, que le sel est indispensable lorsque les animaux vivent sur des terres siliceuses ou alumineuses éloignées de la mer et des sources salées; lorsqu'ils sont nourris avec des fourrages de médiocre qualité ou peu riches en chlorure de sodium, tels que les légumineuses, le maïs, le froment, les pommes de terre, l'avoine, la paille de froment; que dans les contrées salifères, à moins qu'il ne soit indiqué comme tonique et excitant, ce condiment est le plus souvent inutile, les aliments : feuilles de plantes-racines, paille d'avoine, foin de trèfle rouge et de prairie en contenant des quantités suffisantes pour en rendre une addition superflue. En tout état de choses, on doit s'abstenir de donner du sel aux herbivores domestiques si les approvisionnements en fourrages ne permettent pas de leur donner d'abondantes rations. Le sel servant à développer l'appétit, il ne faut point susciter un besoin qu'on ne peut satisfaire. Le sel, avec une nourriture insuffisante, fait maigrir la bête parce qu'il provoque par les sécrétions des pertes que la substance digérée ne suffit point à réparer.

Modes de distribution du sel aux animaux. — Après cette revue rapide des conditions dans lesquelles le sel peut être utile aux herbivores domestiques, il ne nous reste plus qu'à exposer ses divers modes d'administration. Ils se résument tous dans les données suivantes : le sel est donné aux animaux *seul* ou *mélangé*, *à discrétion* ou *à doses fixes*.

Sel seul — Dans le cas où elle l'emploie seul, l'agriculture le trouve dans le commerce sous deux formes : en cristaux et en blocs. Les premiers, plus ou moins volumineux, sont fournis par l'évaporation de l'eau de mer ou des sources salées ; les seconds, sous le nom de sel gemme ou de roches, sont directement extraits du sein de la terre, où ils gisent en couches nombreuses et puissantes.

Le sel cristallisé se distribue aux animaux à la main, quand ceux-ci sont peu nombreux. Ce moyen permet de ne leur en donner que la quantité voulue ; il offre en plus l'avantage, par l'attrait d'un condiment recherché, de rendre plus doux, plus familiers, plus faciles à dompter les bêtes 'un caractère naturellement sauvage ou difficile, tels que les poulains et les taureaux. A un bétail plus nombreux, à un troupeau un peu important, on sert ordinairement la ration saline dans une auge. Cette pratique est plus expéditive, mais elle demande une surveillance plus grande et n'est pas sans inconvénient, quant à la répartition de la substance entre chaque tête de bétail. Autour de l'auge, s'établit toujours une lutte : les bêtes molles et faibles, à qui le sel est si nécessaire, en sont écartées par celles qui sont vives et voraces, les premières n'en mangent alors point ou peu, tandis que les secondes en prennent avec excès ; de là, conclusion tirée par quelques expérimentateurs que le sel est nuisible, ou tout au moins inutile.

Quand l'usage du sel est laissé à la discrétion des animaux, quelques cultivateurs, surtout pour le gros bétail, emploient cette substance enfermée dans de la toile. Les sachets ou nouets sont placés à portée, soit dans l'auge de la crèche, soit accrochés au mur ; Thaer les suspendait à une corde passée dans une poulie fixée au plafond, et les descendait deux fois par semaine. Aujourd'hui que l'exploitation de nouvelles mines de sel gemme a rendu ce produit plus répandu dans le commerce, il n'est point difficile de s'en procurer des blocs. Ce sel, bien que moins pur que celui fabriqué par l'eau, est néanmoins préférable, car, au chlorure de sodium qui le constitue en grande partie, sont associés du sulfate de soude (sel de Glauber), du sulfate de magnésie (sel d'Epsom), substances digestives et légèrement laxatives, très-favorables aux fonctions de l'estomac, si importantes chez les ruminants. Par l'emploi des sachets ou blocs, on évite premièrement le gaspillage inévitable dans l'usage du sel en grains, puis, chose plus importante, on lasse les premiers élans de la voracité qui porte généralement les animaux à en consommer tout d'abord plus que les besoins de l'organisme n'en exigent.

On administre quelquefois par force le sel seul aux grands ruminants. Les marcaires habiles font très-lestement cette opération, qu'ils pratiquent aussi, du reste, quand il s'agit de faire absorber certains médicaments. Par une manœuvre bien combinée du bras gauche sur la corne droite, ils relèvent le muffle de l'animal et ne lui laissent reprendre sa position naturelle que lorsque ce condiment, déposé avec la main droite au fond de la bouche, sur la base de la langue, est avalé.

Sel mélangé. — Certaines considérations, d'un ordre tout à la fois économique et pratique, imposent souvent l'emploi du sel mélangé à d'autres substances : 1° quand, en présence d'une pénurie de foins naturels ou artificiels, on veut réserver pour les besoins de l'avenir certains fourrages difficiles à conserver, telles que des racines, feuilles de plantes-racines, etc., susceptibles de subir la fermentation putride, si elles ne sont consommées de suite; 2° quand les circonstances obligent à ne pouvoir fournir aux animaux que des foins ou pailles médiocres ou rentrés dans de mauvaises conditions; 3° quand on veut développer les qualités nutritives de certaines espèces fourragères; 4° quand il s'agit de relever la sapidité d'aliments fades, mais riches en principes assimilables, et que, dans l'engraissement surtout, le bétail refuserait de prendre ; 5° quand il est indispensable d'administrer, journellement ou à chaque repas, des doses déterminées de sel ; 6° enfin, pour se soumettre aux exigences de la régie qui ne délivre à l'agriculture, en franchise de tous droits, que des sels dénaturés par des substances végétales et minérales.

A. *Sel additionné aux fourrages pour les conserver.* — De toutes les applications agricoles du sel, l'une des plus importantes, mais en revanche des moins répandues, est sans contredit celle qu'on en fait depuis quelques années à la préparation et à la conservation des fourrages. C'est ici surtout que se révèle l'utilité incontestable de ce condiment ; car, non-seulement il est appelé à rendre d'éminents services par l'extension des ressources considérables qu'il apporte dans l'alimentation du bétail, mais encore par les moyens qu'il fournit d'hiverner les animaux au moyen des fourrages verts de l'arrière-saison, quand les sécheresses permanentes de l'été ont tari la production des prairies naturelles et artificielles.

M. Adolphe Reihlen, de Stuttgardt, le premier, a fait des essais sur la conservation de divers fourrages par le sel : maïs, sorgho, feuilles de betteraves, vesces, etc. Les résultats de ses expériences, couronnées d'un plein succès, ont été imprimés et répandus à plusieurs milliers d'exemplaires en 1862, puis publiés dans le *Wurtembergisches Landwerth-schaftlisches Wochenblatt*, en 1865.

Voici les renseignements fournis sur le procédé par l'auteur lui-même : les plantes fauchées vertes, maïs, sorgho et autres, sont laissées sur terre un ou deux jours, selon la température ; elles s'y dessèchent en partie, perdent environ la moitié de leur poids et sont alors prêtes à mettre en fosse.

La fosse est creusée dans une terre compacte ne laissant filtrer ni l'eau ni l'air; sa forme est un rectangle, ses dimensions en longueur et largeur seront proportionnées à la quantité de feuilles que l'on voudra conserver, quant à la profondeur, elle devra toujours être de 1 m. 70 à 2 mètres. Il est recommandé de lui donner plus de développement en haut qu'en bas parce que les tiges ligneuses et un peu résistantes se tasseront mieux si les parois sont obliques que si elles étaient perpendiculaires. Pour le même motif, les angles de la fosse seront arrondis.

Pour la mise en fosse, rien de plus facile : on pose d'abord une couche de feuilles de 15 à 18 centimètres d'épaisseur (sans être tassée): on la tasse ensuite en piétinant dessus, et on la saupoudre d'une légère couche de sel; puis on met une autre couche de feuilles de 12 à 15 centimètres, suivie d'un piétinement et d'une couche de sel, et ainsi de suite, en ayant bien soin de tasser plus fortement et de répandre le sel en plus grande abondance sur les bords et aux coins pour empêcher l'air d'entrer dans la fosse et avec l'air le développement du moisi. Quand on a affaire au maïs ou au sorgho, il faut, pendant le remplissage, ne jamais disposer le bout des tiges perpendiculairement aux côtés de la fosse, parce que ces tiges, en descendant par le tassement, s'arcboutent contre les parois et produisent des vides où la moisissure ne tarde pas à se montrer. Comme les feuilles se tasseront encore par leur propre poids, par celui du sel, et par celui de la couche de terre, il est bon de continuer à établir les couches superposées jusqu'à 1 mètre et 1 m. 30 c. au-dessus du niveau du sol. Ceci fait, on couvre avec la terre qu'on a rejetée sur les côtés lors du creusement de la fosse.

Cette couverture de terre ne devra pas avoir moins de 60 à 70 centimètres d'épaisseur pour que son poids, en comprimant le fourrage, en chasse l'air. On surveillera les fissures produites pendant le tassement pour les boucher de suite. Il va sans dire qu'on donnera à cette couverture la forme d'un toit assez incliné, pour que l'eau des pluies ne la pénètre pas; on peut même établir dessus, sans grands frais, une couverture en chaume. Celui qui n'aurait que peu de feuilles à conserver le fera aussi bien dans de grands vases de bois étanches fermés à l'air, que dans un silo; mais la couverture de terre est de rigueur même avec ces vases.

La dose de sel à employer doit toujours être en proportion de la succulence du fourrage vert; plus il est succulent ou encore en sève, plus il lui faut de sel. Pour 1,000 kil. de feuilles de betteraves, 2 kil. 500 gr. à 3 kil. 500 gr. seront suffisants; quant au maïs et au sorgho, il faudra en user 5 kil. pour 1,000 kil. de tiges; ce sont là les limites extrêmes pour les divers fourrages.

Le fourrage ainsi mis en silos éprouve bientôt la fermentation et celle-ci sera d'autant plus vive que le tas sera plus considérable. La température du tas atteint souvent en quelques jours jusqu'à 60 degrés centigrades. La partie supérieure de la masse devient alors tellement chaude qu'elle prend une couleur brun chocolat. Sous l'influence de cette fermentation, les tiges ligneuses s'amolissent et le contenu de la fosse s'affaise jusqu'à être réduit à la moitié de son volume primitif. Il est important que l'opération soit menée vivement : l'ensilage ne doit pas durer plus de deux jours.

La conservation des produits ensilés est parfaite tout l'hiver et peut aller jusqu'au printemps et même se prolonger jusqu'en été. Dans les premiers mois de leur préparation, ces fourrages ont une odeur très-forte, mais qui se perd peu à peu, ce qui fait que les animaux ne les prennent pas d'abord avec autant d'avidité que par la suite : ils ont besoin d'y être habitués, comme aux pulpes de betteraves et aux tourteaux; aussi, ne faut-il point se décourager si, dès le début ils les rebutent : il suffira pour les leur faire consommer de ne point leur donner autre chose ou de les leur présenter hachés et mêlés avec diverses sortes de fourrages.

M. Reihlen insiste encore sur ce fait que jamais, depuis des années, ce fourrage extrait des silos n'a eu la moindre influence fâcheuse sur la santé des bêtes; il croit, au contraire, que la fermentation et le sel rendent la matière plus digestive, mieux assimilable ; les bêtes s'en trouvent mieux, comme l'attestent le brillant de leur poil et leur bon état d'engraissement. Il va sans dire qu'avec une nourriture aussi succulente, le fumier sera considérable. Un fait remarquable pour les feuilles de betteraves, c'est que celles-ci qui, à l'état vert, sont très-relâchantes, ne le sont plus ainsi conservées. Il est probable que la fermentation en a détruit l'acide oxalique et les a ainsi améliorés comme nourriture.

En résumé, tous les cultivateurs comprendront l'importance que présente ce mode de conservation des fourrages par le sel. Il donne, presque sans frais, un surcroit d'aliments et, par suite, d'engrais; et dans les années de disette, il peut devenir l'ancre de salut de beaucoup d'éleveurs (1).

Une autre application du sel aux fourrages beaucoup plus ancienne, mais qui donne de bons résultats, est celle préconisée par Sinclair, Hell, Kausler, Flandrin, Schattenmann, etc. Elle consiste tout simplement à saupoudrer de chlorure de sodium les diverses couches de fourrages à mesure de leur rentrée au fenil. L'utilité de cette méthode est surtout manifeste quand on a affaire à des foins récoltés par

(1) Voir pour compléments et renseignements l'excellent *Journal d'agriculture pratique*, de M. Lecouteux, année 1870, 7 juillet.

les temps humides ou à des végétaux succulents dont la dessication est lente et souvent incomplète, tels que le trèfle, la luzerne, etc. Le sel alors en absorde l'humidité, les préserve de toute fermentation malfaisante et s'oppose à la formation des moisissures. Il se combine, en outre, avec les éléments végétaux et les rend sapides, d'une digestion facile, nourrissants et salubres. D'après certains praticiens, les animaux qui reçoivent de bons foins salés peuvent se passer d'avoine. La dose de sel indiquée pour cet emploi, par M. Schattenmann, est de 2 kil. pour 1,000 kil. de foin.

B. *Sel additionné aux fourrages pour les améliorer.* — Certains aliments secs, tels que la paille et les foins devenus ligneux par une maturité trop avancée, sont souvent consommés avec difficulté par les animaux et rejetés en partie; de là perte notable, alimentation insuffisante, digestions difficiles et inflammation de l'estomac. Pour utiliser ces fourrages, qui ne sont pas sans valeur, on aura recours avantageusement au sel. Il suffit, après les avoir hachés, de les humecter vingt-quatre heures avant leur emploi avec de l'eau salée à 5 ou 10 grammes par litre. Ainsi ramollis, ils sont plus tendres; les animaux alors prennent de forts repas sans fatigue et se nourrissent mieux. M. Magne, dans son *Hygiène vétérinaire (moutons)*, cite les bons effets obtenus sur un lot de moutons fourragés avec des débris de fenil et des feuillards arrosés d'eau salée. Les bêtes de ce lot qui prenaient le sel à raison de 4 gr. par tête s'entretenaient mieux, avaient plus de vigueur que les bêtes semblables réunies en un lot qui n'en prenaient point. On peut se servir encore du sel pour rendre sapides et toniques les racines hibernales coupées qui sont fades et relâchantes, et pour faire accepter certains aliments très-nutritifs (tourteaux, etc.), que les animaux à l'engrais refusent par manque d'appétit. Pour vaincre cette répugnance instinctive chez le porc, on lui donne chaque jour une poignée d'avoine arrosée d'eau fortement salée; l'appétit est, de cette manière, tenu toujours en éveil, et l'animal mange jusqu'à engraissement complet avec la voracité qui lui est propre. Ce procédé peu coûteux rapporte, dit-on, beaucoup.

c. Sel additionné aux fourrages salis ou avariés. — Les pays visités par des inondations tardives qui submergent passagèrement les prairies sur le point d'être fauchées sont appelés à ressentir les bons effets de l'emploi du sel. Les fourrages souillés de limon, salés ou arrosés d'eau saline, sont parfaitement consommés par les animaux. Le sel corrige en grande partie leurs propriétés insalubres et combat leur disposition à fermenter; il fixe de plus la poussière de ces foins poudreux, et l'empêche de pénétrer dans les voies respiratoires, où elle pourrait produire de graves désordres.

Quant à l'application du sel aux fourrages avariés, moisis, c'est une erreur funeste que celle qui consiste à prétendre que ce condiment peut en corriger les effets nuisibles; l'altération une fois produite, son action se borne à masquer le goût désagréable qui en est la conséquence, à faire consommer des aliments qui seraient rejetés sans cela, mais elle ne peut annihiler les propriétés nuisibles développées; celles-ci subsistent toujours. Dans ce cas, il est toujours plus avantageux, quelque lourd que soit le sacrifice, de jeter dans la fosse au fumier le foin moisi, que de le donner aux animaux.

Nous avons cru devoir exposer avec quelques développements cette partie de notre travail, bien persuadé que nous sommes que c'est de l'application du sel à la conservation et à l'amélioration des fourrages que l'agriculture tirera les plus grands profits. Elle y trouvera les moyens d'augmenter son bétail, de produire plus et de meilleurs engrais à peu de frais.

Sel mélangé aux matières minérales et végétales. — Ici ce n'est point l'agriculture qui fait ces mélanges, ils ne lui sont même d'aucune utilité réelle. C'est la loi fiscale qui les lui impose. Le décret du 8 novembre 1869 porte, en effet, que les sels délivrés en franchise de droit pour l'alimentation du bétail, l'amendement du sol ou la fabrication des engrais devront être dénaturés par des substances minérales et végétales. Voici la formule acceptée par la régie et pratiquée dans les salines de l'Est :

```
Sel...........................    1000 kilos.
Absinthe ou gentiane........      10  —
Oxyde de fer (colcotar)....       5   —
Mélasse.....................      10  —
```

Le tout en poudre et exactement mêlé. Ce mélange est livré, à l'usine, au prix de 5 fr. les 100 kil.

Ce sel peut se délivrer aux animaux à doses fixes dans les aliments ou bien dans des baquets où il est pris à volonté. Dans ce dernier cas, l'emploi est moins commode et moins avantageux que celui du sel en bloc, car les bêtes le reniflent, en répandent hors du vase et s'en introduisent dans les organes respiratoires, ce qui n'est pas sans inconvénient. Il serait à désirer que nos usines fabriquassent, comme en Allemagne, les pierres à lécher qui, exemptes de droits, se vendent à plus bas prix que le sel de roche et sont d'un excellent usage.

La maison Hoyer et Cie, de Schœnebeck-sur-Elbe (Prusse), les livre sur place à 3 fr. 50 les 100 kil. Voici comment ces pierres sont confectionnées : 100 kil. de sel réduit en poudre fine sont mélangés avec 250 gr. oxyde de fer, 250 gr. goudron minéral et 1 kil. farine de tourteaux; ce mélange est ensuite humecté avec de la saumure concentrée, puis mis dans des formes cylindriques et enfin transformé en masse dure par la presse hydraulique. Cette masse exposée à une douce chaleur acquiert la dureté de la pierre. Ces cylindres présentent une ouverture dans le sens de la longueur. Dans le principe, on les pendait dans les étables, au moyen de chaînes, cordes, etc.; mais l'humidité des écuries faisant fondre inégalement le cylindre, celui-ci, bien avant d'être consommé, se détachait de son point de suspension, se brisait en tombant et se trouvait en partie perdu pour le bétail. Pour remédier à ces inconvénients, MM. Hoyer et Cie construisent de charmantes mangeoires en fonte. Ces mangeoires, qui ont 21 centimètres d'ouverture intérieure et 9 centimètres de profondeur, portent à leur centre une tige droite en fer; dans cette tige, on enfile le cylindre. Le bloc est alors maintenu solidement dans la mangeoire, le sel qui en découle ou s'en détache est recueilli dans l'auge où l'animal peut le prendre. Un appareil sert pour deux bêtes : il est fixé sur un support placé entre elles; elles peuvent ainsi atteindre commodément le sel quand elles en ont envie.

Il est fâcheux que l'agriculture française, en raison des formalités minutieuses imposées par la régie à la vente des sels dénaturés, ne puisse user largement des bénéfices du décret qui en supprime les droits. Il est regrettable aussi que les salines de l'Est n'en favorisent pas la consommation par des prix plus modérés. La Société centrale d'agriculture de la Meurthe s'est vivement émue de ces faits. Elle a signalé, en 1870, au ministre de l'agriculture et à son collègue des finances, tous les inconvénients qui résultent des exigences puériles du fisc. Il est probable que ces justes réclamations eussent été favorablement accueillies sans les funestes événements survenus à cette époque. Nous espérons qu'elle les renouvellera en temps opportun et qu'appuyée par les sociétés et les comices du pays, il y sera enfin fait droit.

ADMINISTRATION DU SEL ET DOSES. — L'utilité du sel

dans l'alimentation du bétail étant admise, reste à savoir maintenant quelle est la quantité que chacune de nos espèces domestiques peut en prendre sans inconvénient.

Doses. — Nous nous trouvons ici en présence d'un problème très-difficile à résoudre. Il a été antérieurement démontré que la dose de sel ne dépend pas seulement de l'individualité, mais que sa détermination se rattache encore à une foule de considérations de climats, de saisons, d'âge, de nourriture, etc., et dont il est indispensable de tenir compte. Malheureusement ces appréciations, si utiles pour la pratique, ont été le plus souvent ignorées ou négligées: de là des tâtonnements quelquefois dangereux; car si l'adjonction du sel à la ration est nécessaire, elle devient nuisible ou au moins inutile chaque fois qu'elle est au delà ou en deçà des limites voulues; de là aussi les écarts considérables de chiffres que nous constatons entre les nombreuses rations indiquées par les auteurs des divers pays, et que nous résumons dans le tableau placé à la page 13í.

Après l'étude de ce tableau, il est peu possible au simple cultivateur d'en tirer des indications pratiques pour établir des rations. La variété des doses assignées au même animal ne fera que jeter de la confusion dans son esprit et le rendre indécis sur l'emploi d'un condiment qui cependant est appelé à lui rendre de grands services. Tous les agronomes l'ont si bien compris que certains d'entre eux ont cherché, dans ces derniers temps, à fixer la proportion de sel à administrer aux animaux d'après des données simples et faciles à établir. Ils sont partis de ce point que le goût ayant indiqué à l'homme la quantité de sel qui convient à son organisme, que cette quantité étant de 6 kil. par an pour un poids vif moyen de 70 kil., la ration de chaque animal doit être proportionnelle à la ration humaine, c'est-à-dire le poids de l'homme, 70 kil., est à sa consommation en sel

134

	PAYS.	CHEVAUX.	BŒUFS de travail.	BŒUFS. à l'engrais et vaches laitières.	GENISSES.	VEAUX.	MOUTONS.	PORCS.
Soc. d'agriculture de Nancy.	Lorraine......		28				3	
Virgile...........	Languedoc.....						3.30	
Gasparin.........	Vaucluse......						1.30	
Daubenton..........	Seine.........						6	
Hervé.........	France......	40	60	60			2	
Dict. de la vie Pratique...	France.......		150		100	15	10	30
Vallerand...........	Aisne........		40					
Sinclair...........	Angleterre.....	120					6	
Curven............	d°	120	120	90	60	30	3	
X............	d°	170	115	170	85	28	15	35
X............	Irlande........							15
X............	Luxembourg....		50				10	
Favre.........	Suisse et Piémont		82					
Henneberg et Stahman....	Allemagne......		50				8.30	
Variations des doses pour chaque animal.		de 19 gr. à 170 gr.	de 10 gr. à 150 gr.	de 60 gr. à 170 gr.	de 60 gr. à 100 gr.	de 15 gr. à 30 gr.	de 1 gr. à 15 gr.	de 15 gr. à 35 gr.

6 kil, comme le poids de l'animal est à la dose cherchée.
D'après cette formule, on peut construire le tableau
suivant :

ANIMAUX	POIDS VIF moyen.	SEL consommé par an.		DOSES par jour.	
Homme...........	70 kil.	6 kil.		16 gr.	43
Cheval...........	400	34	285	93	91
Bœuf.............	725	62	112	170	25
Veau.............	50	4	265	11	68
Mouton	48	4	200	11	50

Le procédé, comme on le voit, est simple ; mais, à notre
avis, il est défectueux, même dangereux. Nous ne revien-
drons pas, pour étayer cette opinion, sur les considérations
que nous avons déjà développées ; mais nous ajouterons
que le point de départ est faux, que les données physiologiques sur lesquelles il s'appuie manquent de justesse, parce
que l'appareil digestif de l'homme n'est pas comparable à celui
des ruminants (bœufs, moutons). Que si nous donnons le sel
au bétail, ce n'est pas seulement pour fournir cet élément
aux différentes humeurs de l'organisme, mais surtout pour
augmenter la sécrétion des liquides digestifs et provoquer,
en excitant la soif, une consommation plus considérable de
boisson, effets si importants à produire, en vue de la préparation chimique et mécanique d'un grand volume de fourrages.

En ce qui concerne la quantité de sel à administrer, on ne
peut donc donner aucun chiffre absolu, car d'après tout ce
que nous avons dit, on voit combien d'éléments divers interviennent dans la détermination des doses. Le mieux, à dé-

faut de connaissances spéciales ou de renseignements exacts, serait, nous le croyons, de s'en rapporter à l'instinct des animaux.

Sel à volonté. — Le mode de distribution se fait dans des auges ou à l'aide des blocs de sel gemme et des pierres à lécher. L'instinct de l'animal est le seul régulateur de la consommation. Un agriculteur distingué, M. Neveu, a très-bien présenté, dans le *Journal d'Agriculture progressive* du 19 mars 1870, les avantages de cette pratique. Les voici résumés : « Je crois être utile aux cultivateurs en leur recommandant un mode aussi simple qu'économique de distribution du sel aux animaux, dont une expérience de plus de vingt années m'a permis de constater les bons effets.

« L'expérience m'a prouvé, et beaucoup de cultivateurs l'ont reconnu, qu'*imposer* le sel aux animaux, c'est commettre une faute dont on a souvent à regretter les effets. Dans notre établissement, où sont entretenus 18 à 20 bœufs de traits, un grand nombre de vaches laitières et des bêtes d'élevage, nous avons pris pour *distributeur du sel* l'instinct même des animaux, qui ne les trompe jamais. Pour cela, nous plaçons simplement un bloc de sel gemme. Lorsqu'un animal éprouve les effets d'une digestion pénible, il *lèche à discrétion* son morceau de sel et recourt à ce moyen toutes les fois qu'il en éprouve le besoin. J'ai vu bien souvent des animaux, dont la digestion s'opérait péniblement, se lever, *lécher* leur bloc de sel pendant un temps plus ou moins long, suivant le besoin qu'ils en éprouvaient et sûrement guidés par l'instinct, puis se coucher et se relever de nouveau, *lécher encore* et continuer encore, jusqu'à ce que la rumination arrive, et s'être administré eux-mêmes le remède à leur mal.

« Les bons effets de ce mode de distribuer le sel aux animaux par l'emploi du sel gemme nous ont été démontrés, il y a quelques années, d'une façon qui nous en a révélé l'importance. Par suite de l'inondation des mines de Dieuze, d'où provenait le sel dont nous faisions usage, nos animaux en ont été privés pendant quelque temps, et chaque semaine nous avons eu à en traiter pour embarras gastriques, dont les moindres conséquences étaient la perte du travail des bœufs, du lait des vaches et leur amaigrissement. Mais aussitôt que nous avons été à même de leur rendre le condiment, les indigestions ne se sont plus renouvelées. »

De ce qui précède, il ne faudrait pas conclure qu'on ne doit donner le sel aux animaux que sous cette forme. Il sera, comme nous l'avons dit, toujours utilement additionné aux aliments cuits ou fades, pour en développer l'arôme et en relever la saveur, aux fourrages trop aqueux, aux foins trop mûrs, ou récoltés par des temps humides, pour les préserver d'une fermentation ultérieure. Il deviendra indispensable dans l'engraissement, non-seulement pour faire *manger*, mais faire mieux *digérer* les animaux. Dans tous les cas, il faudra l'employer avec mesure et en surveiller attentivement les effets, pour que les animaux ne soient pas obligés d'en prendre plus qu'ils n'en ont besoin.

En dehors de ces conditions, ce sera toujours une prudente mesure que de *ne pas imposer le sel aux animaux, mais de le mettre à leur disposition.* On profitera ainsi de tous les bons effets de cette substance, sans avoir à en redouter les inconvénients.

Pour terminer, nous résumons en quelques lignes les données principales desquelles ressort, dans cette seconde partie de notre travail, l'utilité du sel dans l'alimentation des animaux.

RÉSUME

I. — La grande diffusion du sel marin dans les liquides et les solides fondamentaux de l'économie animale, sa prédominance parmi les éléments minéraux qui font partie de l'organisme, l'invariabilité bien constatée de ses proportions dans les principales humeurs, le rôle qu'il joue, par ses propriétés physiques, dans l'échange des matériaux : tous ces faits établissent d'une façon incontestable son importance dans les fonctions essentielles de la vie et, comme conséquence pratique, la nécessité, pour ne point provoquer de troubles morbides, d'administrer le sel aux animaux, soit directement par les fourrages, qui en contiennent naturellement, soit indirectement, par une addition supplémentaire aux rations.

II. — L'observation des faits naturels et la pratique établissent, du reste, l'utilité du sel dans l'alimentation du bétail et, si les recherches expérimentales n'ont pu, jusqu'à présent, régler définitivement son mode d'administration, quant à la quantité, elles ont mis en évidence certaines propriétés physiologiques qui font de cette substance un agent hygiénique puissant et un auxilliaire remarquable dans l'élevage et l'engraissement.

III. — L'emploi pratique du sel est, relativement aux effets utiles qu'on peut en tirer, subordonné à une foule de condiditions dont il est indispensable d'avoir connaissance. Malheureusement, leur étude exige un savoir en chimie et en physiologie trop peu répandu chez nos cultivateurs. Il peut cependant y être suppléé en grande partie par l'esprit d'observation et des tâtonnements judicieux.

IV. — Le sel s'emploie seul ou mélangé aux fourrages.

Dans le premier cas il est donné à doses fixes ou à volonté. Quand on l'administre en quantité déterminée, en vue de l'engraissement, il est indispensable de n'en point faire absorber des doses trop fortes aux animaux, car ses effets sont alors nuisibles. Quand le sel est seulement employé comme préservatif des maladies ou pour entretenir le bétail dans un parfait état de santé, il est toujours prudent de laisser à l'instinct des animaux le soin d'en fixer eux-mêmes la ration. Le sel en bloc ou la pierre à lécher seront alors les meilleurs modes d'emploi du sel.

Son mélange aux fourrages offre des avantages dont sauront profiter l'éleveur et le cultivateur intelligents. Il leur procurera sous cet état des ressources nombreuses et variées qu'il suffit d'énumérer pour en faire saisir l'importance.

Le sel ajouté aux plantes-racines : pommes de terre, betteraves, pulpes, marcs de distillerie, etc, en relève la sapidité et les rend appétissantes; dissous dans l'eau et répandu sur les fourrages secs, paille, foins trop mûrs, etc., hachés, il les fait consommer avec plaisir ; il corrige et masque l'odeur vaseuse des fourrages qui, par suite d'inondation, sont restés quelques jours sous l'eau ; il préserve de la moisissure les herbages trop aqueux ou rentrés par des temps humides; enfin, et c'est là certainement un des côtés pratiques les plus féconds en résultats, mélangé aux feuilles de betteraves, aux tiges de colza, aux fourrages verts de l'arrière-saison, le sel permet de conserver en silos, pour l'hivernage des animaux, des plantes que l'on ne peut entièrement faire consommer sur place. Il rend ainsi d'éminents services par l'extension des ressources alimentaires qu'il fournit, ressources qui, dans les années de disette, peuvent mettre l'éleveur à l'abri de la ruine.

Nancy. — Imprimerie de Sordoillet et Fils, faubourg Stanislas, 3.